Sekundo 9 Förderheft – Lösungen

1 Basiswissen

Basiswissen

1

1. a)

+	120	210	450
2840	2960	3050	3290
4320	4440	4530	4770
7850	7970	8060	8300

b)

–	180	150	310
1590	1410	1440	1280
3380	3200	3230	3070
5210	5030	5060	4900

2. a) 2402
7601
9001

b) 7196
8694
4995

c) 29578
74674
63268

3. a)
7700
3600 | 4100
2400 | 1200 | 2900

b)
9900
6100 | 3800
4700 | 1400 | 2400

c)
9200
4900 | 4300
2700 | 2200 | 2100

4. a) 5908 b) 38205 c) 99730 d) 53980 e) 87600
f) 5506 g) 11942 h) 75182 i) 32201 j) 50811
Lösungswort: Hochsprung

5. a) 13460
54928
33639

b) 32200
65301
39310

c) 56430
17905
50050

Multiplikation und Division

2

1. a) 71200
8090
51000

b) 24000
18000
36000

c) 8004
6090
15050

2. a) 280
710
1900

b) 800
400
800

c) 2
2000
5000

3. a)

·	30	20	8
40	1200	800	320
5000	150000	100000	40000
700	21000	14000	5600

b)

:	2	30	6
1800	900	60	300
36000	18000	1200	6000
120000	60000	4000	20000

4. a) 1230
1100
2400
360   b) 11000
24000
36000
1280   c) 900
800
90
8000

5. a) 2436   b) 2688   c) 22830   d) 24465   e) 39760
f) 19757   g) 145896   h) 37674

6. a) 2614
501   b) 7010
6001   c) 6999
7001

Rechnen mit Dezimalzahlen

3

1. a) 23,7
61,0
5,63   b) 41,3
10,3
6,36   c) 18,6
32,8
6,3   d) 3,1
3,1
4,03

2. a)

·	0,2	0,03	1,1	3,12
4	0,8	0,12	4,4	12,4
40	8	1,2	44	124
50	10	1,5	55	155

b)

:	2	3	4	6
1,2	0,6	0,4	0,3	0,2
0,12	0,06	0,04	0,03	0,02
0,36	0,18	0,12	0,09	0,06

3. a) 225,2   b) 820,2   c) 31,64   d) 156,42

4. a) 12,3
8,6   b) 9,06
2,02   c) 101,11
92,08

5. a) F: Wie viel kosten 4 Paar Sportsocken? A: 4 Paar Sportsocken kosten 55,40 €.
b) F: Wie viel Euro muss der Junge bezahlen? A: Er muss 218,80 €.
Alternativ: F: Wie viel Euro hat er übrig? A: Er hat 31,20 € übrig.

Brüche und Dezimalzahlen

4

1.

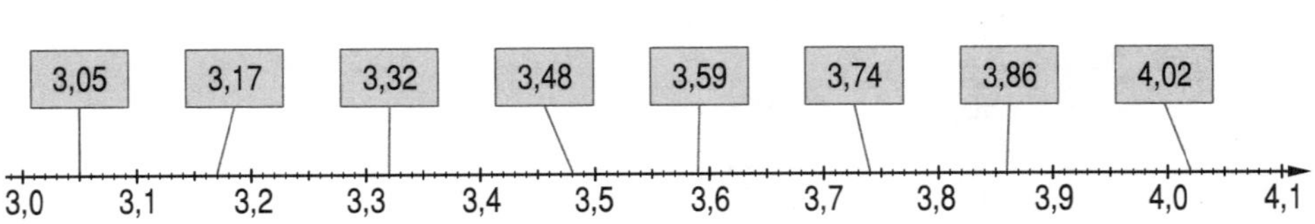

2. a) 0,25 m
0,75 m   b) 0,1 kg
0,7 kg   c) 0,5 km
0,2 km

3. a) 25 : 5 = 5
18 : 3 = 6   b) 45 : 9 = 5
32 : 4 = 8   c) 33 : 11 = 3
24 : 12 = 2

4. a) 6,6   b) 7,2   c) 87

5. a) 12
20

b) 8,1
10,4

c) 220
21

6. a) Preis für 1 kg: 1,80 € b) Preis für 1 kg: 3,00 € c) Preis für 1 kg: 6,50 €

Rechnen mit positiven und negativen Zahlen

5 1. Von links nach rechts: – 46, – 39, – 27, – 21, – 6, 5, 18, 26

2.

Einstieg	Fahrstuhlfahrt	Ausstieg
2	– 3	**– 1**
– 1	+ 4	**3**
– 2	+ 4	2
3	– 2	1
5	**– 9**	– 4
2	**– 5**	– 3

3. a)

Kontostand (alt)	Auszahlung	Kontostand (neu)
50 €	20 €	**30 €**
– 10 €	40 €	**– 50 €**
20 €	**30 €**	– 10 €
15 €	**40 €**	– 25 €

b)

Kontostand (alt)	Einzahlung	Kontostand (neu)
34 €	16 €	**50 €**
– 10 €	40 €	**30 €**
40 €	**20 €**	60 €
– 30 €	**80 €**	50 €

4. a) 5
– 5
– 8
1

b) – 20
– 10
– 15
– 1

c) 3
0
– 12
8

Lösungswort: POPMUSIKERIN

5. a)

	7	
3		**4**
– 9	12	– 8

b)

	1	
– 6		**7**
– 20	14	– 7

c)

	– 3	
– 1		**– 2**
– 3	**2**	– 4

Proportionale und antiproportionale Zuordnungen

6

1.

Anzahl	€
1	0,50
2	1,00
3	1,50
4	2,00
5	2,50
6	3,00
7	3,50

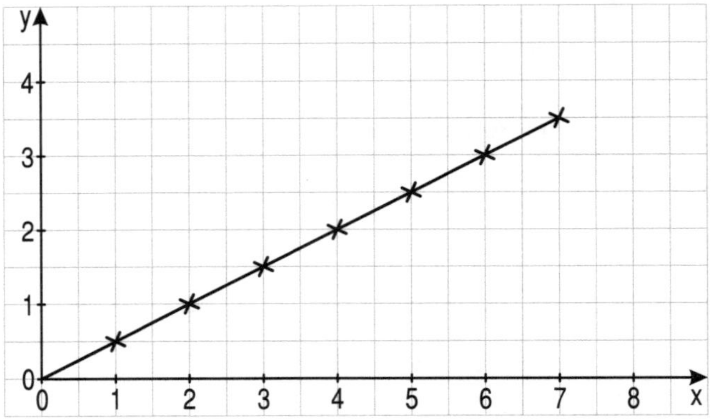

2. a) 4,20 € b) 3,60 € c) 3,00 € d) 2,20 €

3. a)

Anzahl	€
4	4,40
1	1,10
7	7,70

b)

Anzahl	€
2	1,40
1	0,70
5	3,50

c)

Anzahl	€
5	15,50
1	3,10
3	9,30

d)

Anzahl	€
2	8,80
1	4,40
3	13,20

4. a)

Stunden	€
3	36
1	12
8	96
Lohn für 8 Arbeitsstunden: 96 €	

b)

Stunden	€
6	90
1	15
5	75
Lohn für 5 Arbeitsstunden: 75 €	

5. 6 Jugendliche benötigen 10 Minuten für die Arbeit.

Proportionale und antiproportionale Zuordnungen

7

1. a) 5 Fahrten b) 16 Fahrten c) 4 Fahrten d) 9 Fahrten

2. a)

Löwen	Tage
4	6
1	24
6	4

b)

Lamas	Tage
3	12
1	36
4	9

c)

Zebras	Tage
2	9
1	18
3	6

d)

Robben	Tage
5	30
1	150
3	50

3. a) antiproportional b) antiproportional c) proportional

3 Ähnlichkeit

Ähnlichkeit

21 1. A: Maßstab 1 : 100; B: Maßstab 1 : 50 000; C: Maßstab 1 : 1; D: Maßstab 50 : 1

2. a)

1 : 5	
Zeichnung	Wirklichkeit
1 cm	5 cm
3 cm	**15 cm**
4,5 cm	**22,5 cm**

b)

1 : 20	
Zeichnung	Wirklichkeit
1 cm	**20 cm**
6 cm	**120 cm**
2,5 cm	**50 cm**

c)

4 : 1	
Zeichnung	Wirklichkeit
4 cm	**1 cm**
12 cm	**3 cm**
10 cm	**2,5 cm**

Maßstab

22 1. a)

	Maßstab 1 : 5	
	Zeichnung	Wirklichkeit
Länge	3,4 cm	17 cm
Höhe	2,6 cm	13 cm

b)

	Maßstab 1 : 50	
	Zeichnung	Wirklichkeit
Länge	3,2 cm	160 cm
Höhe	2,3 cm	115 cm

c)

	Maßstab 10 : 1	
	Zeichnung	Wirklichkeit
Länge	3,4 cm	0,34 cm
Höhe	1,9 cm	0,19 cm

2.

Maßstab	1 : 5	1 : 10	1 : 100	100 : 1	10 : 1	5 : 1
Länge in Zeichnung	**2 cm**	3 cm	**2,5 cm**	**200 mm = 20 cm**	40 cm	25 cm
Länge in Wirklichkeit	10 cm	**30 cm**	250 cm	2 mm	**4 cm**	**5 cm**

3.

	Luftlinienentfernung	Karte	Wirklichkeit
a)	Gasthof – Wildgehege	2 cm	200 000 cm = 2 km
b)	Gasthof – Aussichtsturm	6 cm	600 000 cm = 6 km
c)	Gasthof – Felsenhöhle	3,5 cm	350 000 cm = 3,5 km
d)	Gasthof – Grillhütte	13,7 cm	1 370 000 cm = 13,7 km
e)	Gasthof –Teufelsschlucht	14,8 cm	1 480 000 cm = 14,8 km

Vergrößern

23 1. Die Fliege erscheint unter der Lupe 16 mm = 1,6 cm lang.

2. Die vergrößert gezeichneten Seiten sind a' = 9 cm und b' = 6 cm.

3.

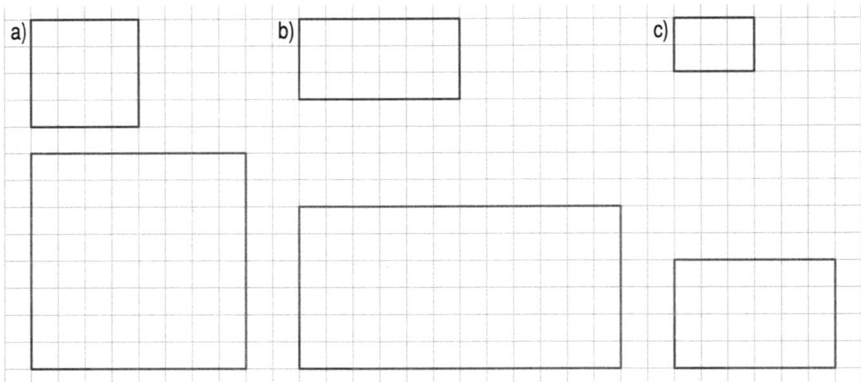

4.

Größe im Original	9 mm	**12 mm**	**2 mm**	5 mm	3 mm
Vergrößerung	10-fach	30-fach	20-fach	200-fach	500-fach
Maßstab	10 : 1	**30 : 1**	**20 : 1**	**200 : 1**	**500 : 1**
Größe in der Abbildung	**90 mm = 9 cm**	360 mm	40 mm	**1 000 mm = 1 m**	**1 500 mm = 1,5 m**

5.

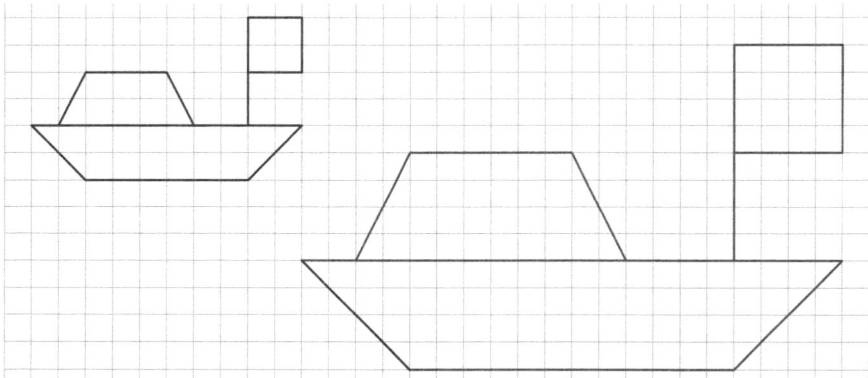

Verkleinern

24 1. Das Modell wird 2 m lang.

2. Die verkleinert gezeichnete Seite ist a' = 2 cm.

3.

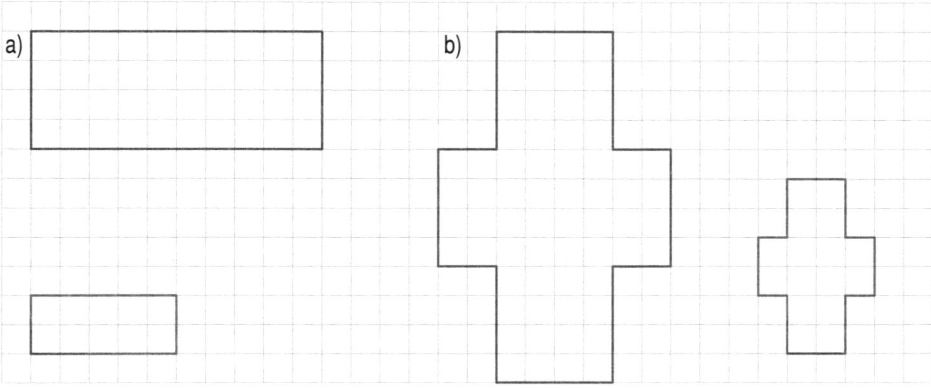

4.

Größe im Original	40 cm	100 cm	**150 cm**	1 300 cm	**1 600 cm**
Verkleinerung	5-fach	20-fach	30-fach	100-fach	200-fach
Maßstab	**1 : 5**	**1 : 20**	1 : 30	**1 : 100**	**1 : 200**
Größe in der Abbildung	**8 cm**	**5 cm**	5 cm	**13 cm**	8 cm

5.

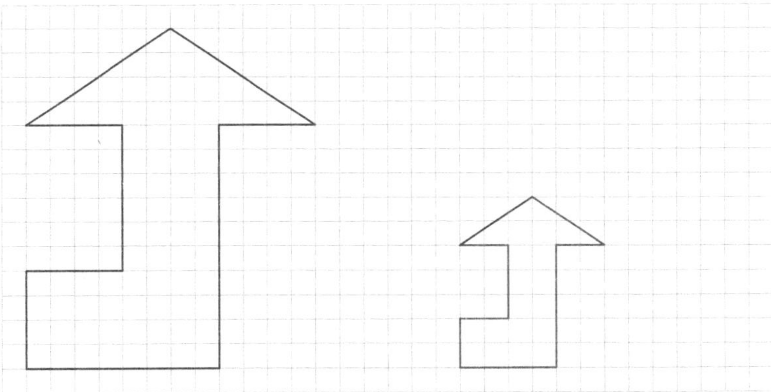

Anwendungsaufgaben

25 1. a) ja b) ja c) nein d) ja e) nein

2. a) Entfernung in Wirklichkeit: 30 km
   b) Mainz – Kaiserslautern: 2,3 cm auf der Karte sind in Wirklichkeit 6 900 000 cm. Das sind 69 km.

3. a)

1 : 100 000	
Karte	Wirklichkeit
1 cm	1 km
4 cm	**4 km**
1,2 cm	**1,2 km**
7,5 cm	7,5 km

b)

1 : 200 000	
Karte	Wirklichkeit
1 cm	2 km
3 cm	**6 km**
5 cm	10 km
4,1 cm	**8,2 km**

c)

1 : 50 000	
Karte	Wirklichkeit
1 cm	**0,5 km**
2 cm	1 km
4 cm	**2 km**
7 cm	3,5 km

4. Der Plan für den Spielplatz sollte im Maßstab 1 : 1 000 gezeichnet werden. Die Maße sind dann 8 cm Länge und 6 cm Breite.

Vermischte Übungen

26

1. a)

	Maßstab 1 : 100	
	Zeichnung	Wirklichkeit
Länge	3,0 cm	300 cm = 3 m
Höhe	2,5 cm	250 cm = 2,5 m

b)

	Maßstab 1 : 200	
	Zeichnung	Wirklichkeit
Länge	4,4 cm	880 cm = 8,8 m
Höhe	3,0 cm	600 cm = 6 m

c)

	Maßstab 1 : 2 000	
	Zeichnung	Wirklichkeit
Länge	3,9 cm	7 800 cm = 78 m
Höhe	2,0 cm	4 000 cm = 40 m

2.

Größe im Original	20 cm	**100 cm**	200 cm	500 cm	40 cm
Verkleinerung	2-fach	20-fach	**10-fach**	100-fach	**5-fach**
Maßstab	**1 : 2**	1 : 20	1 : 10	**1 : 100**	**1 : 5**
Größe in der Abbildung	**10 cm**	5 cm	**20 cm**	**5 cm**	8 cm

3.

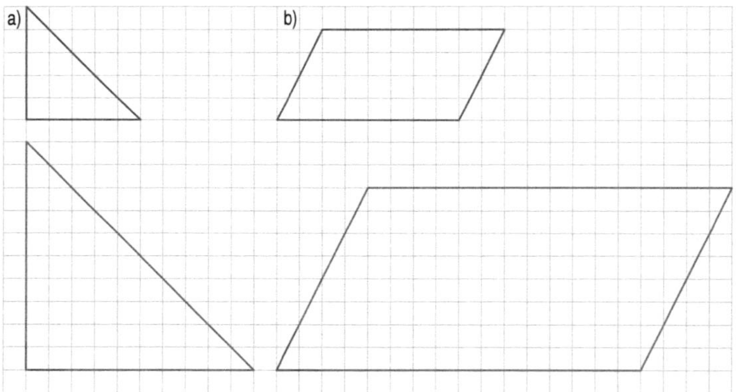

4.

	Maikäfer	Floh	Amsel	Maus	Reh
Maßstab	6 : 1	10 : 1	1 : 5	1 : 3	1 : 15
Bild	12 cm	4 cm	5 cm	3 cm	5 cm
Wirklichkeit	**2 cm**	**0,4 cm**	**25 cm**	**9 cm**	**75 cm**

4 Potenzen und Wurzeln

Potenzen und Wurzeln

27

1. a)

	1. Tag	2. Tag	3. Tag	4. Tag	5. Tag
Lohn in Cent	2	2 · 2 = **4**	2 · 2 · 2 = **8**	**2 · 2 · 2 · 2 = 16**	**2 · 2 · 2 · 2 · 2 = 32**

b) $2 \cdot 2 \cdot 2 \cdot 2 \cdot 2 \cdot 2 \cdot 2 = 128$; Kurzform: $2^7 = 128$
Am 7. Tag bekommt Jan 128 Cent.

2. a) 5^4 b) 3^5 c) 7^7 d) 2^{10} e) 10^3 f) 8^3

3. a) $3 \cdot 3 \cdot 3 = 27$ b) $2 \cdot 2 \cdot 2 \cdot 2 = 16$ c) $4 \cdot 4 = 16$ d) $5 \cdot 5 \cdot 5 = 125$

4. a) $3^2 = 3 \cdot 3 = 9$; $2^3 = 2 \cdot 2 \cdot 2 = 8$; $3 \cdot 2 = 6$
b) Sibel: wahr; Artur: falsch; Laura: wahr

5. $4 \cdot 3 = 12$; $4^3 = 4 \cdot 4 \cdot 4 = 64$; $3^4 = 3 \cdot 3 \cdot 3 \cdot 3 = 81$

6. a) $1^5 = 1$ b) $1^{10} = 1$ c) $0^7 = 0$ d) $9^1 = 9$

Potenzen

28 1.

Potenz	3^2	4^3	2^4	7^2	5^3	10^2
Produkt	**$3 \cdot 3$**	$4 \cdot 4 \cdot 4$	**$2 \cdot 2 \cdot 2 \cdot 2$**	**$7 \cdot 7$**	$5 \cdot 5 \cdot 5$	**$10 \cdot 10$**
Ergebnis	**9**	**64**	**16**	**49**	**125**	**100**

2. a) $6 \cdot 2 = 12$; $2^6 = 64$; $6 \cdot 2 < 2^6$
b) $3 \cdot 4 = 12$; $3^4 = 81$; $3 \cdot 4 < 3^4$
c) $1 \cdot 5 = 5$; $1^5 = 1$; $1 \cdot 5 > 1^5$
d) $5^2 = 25$; $2^5 = 32$; $5^2 < 2^5$

3. a) $3 \cdot 2 < 3^2$ b) $3 \cdot 3 < 3^3$ c) $2 \cdot 2 = 2^2$ d) $10^2 > 5^2$

4. $5 + 5 + 5 + 5 = 4 \cdot 5$; $4 \cdot 4 \cdot 4 \cdot 4 \cdot 4 = 4^5$; $3 \cdot 3 \cdot 3 \cdot 3 = 3^4$;
$5 \cdot 5 \cdot 5 \cdot 5 = 5^4$; $4 + 4 + 4 = 3 \cdot 4$

5. a) 2^2 b) 3^3 c) 4^2 d) 2^4 e) 10^2 f) 2^3 g) 5^2 h) 6^2 i) 2^5 j) 10^3

6. a) 9^2 b) 7^2 c) 2^3 d) 4^2 e) 2^4

7. 2^2 ist das Doppelte von 2. wahr
5^3 ist das Fünffache von 5^2. wahr
3^2 ist das Dreifache, nicht das Doppelte von 3. falsch

Zehnerpotenzen

29 1. a) $10 \cdot 10 = 100$
b) $10 \cdot 10 \cdot 10 = 1\,000$
c) $10 \cdot 10 \cdot 10 \cdot 10 = 10\,000$
d) $10 \cdot 10 \cdot 10 \cdot 10 \cdot 10 = 100\,000$

2.

Zehnerpotenz	Zahl	Zahlwort
10^3	1 000	Tausend
10^6	**1 000 000**	Million
10^9	1 000 000 000	Milliarde
10^{12}	**1 000 000 000 000**	Billion

3. a) 10000 b) 100 c) 100000 d) 1000 e) 1000000 f) 10000000

4. a) 10^4 b) 10^6 c) 10^5 d) 10^7

5. a) $3 \cdot 10000 = 3 \cdot 10^4$ b) $5 \cdot 100000 = 5 \cdot 10^5$
   c) $7 \cdot 1000000 = 7 \cdot 10^6$ d) $8 \cdot 1000 = 8 \cdot 10^3$

6. 200 = Zweihundert = $2 \cdot 10^2$; 20000 = Zwanzigtausend = $2 \cdot 10^4$;
   2000000000 = 2 Milliarden = $2 \cdot 10^9$; 2000000 = 2 Millionen = $2 \cdot 10^6$

7. a) $4 \cdot 10^4$ km b) $7 \cdot 10^9$ Menschen c) 10^4 m

Quadrate und Quadratwurzeln

30 1.

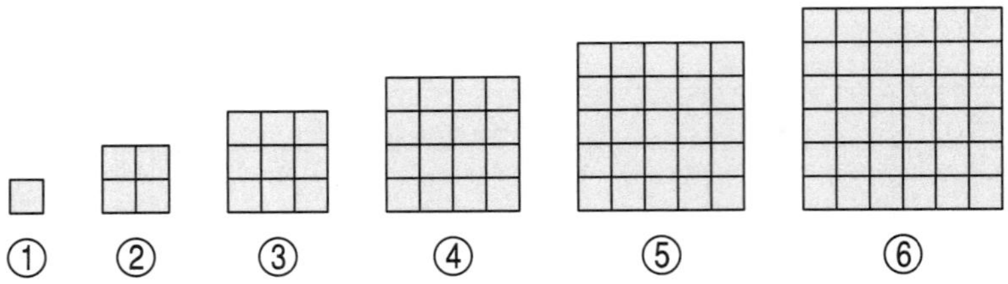

a)

Nummer der Figur	1	2	3	4	5	6
Anzahl der Quadrate	1	4	9	16	25	36

b) Das Quadrat (10) enthält 100 kleine Quadrate.

2. a) 81 b) 64 c) 49 d) 16 e) 100

3. Eine Seite ist 6 cm lang.

4. a) $\sqrt{4} = 2$, denn $2^2 = 4$ b) $\sqrt{81} = 9$, denn $9^2 = 81$
   c) $\sqrt{64} = 8$, denn $8^2 = 64$ d) $\sqrt{100} = 10$, denn $10^2 = 100$

5. a) $2 < \sqrt{7} < 3$, denn $2^2 < 7 < 3^2$ b) $1 < \sqrt{2} < 2$, denn $1^2 < 2 < 2^2$
   c) $3 < \sqrt{10} < 4$, denn $3^2 < 10 < 4^2$ d) $5 < \sqrt{30} < 6$, denn $5^2 < 30 < 6^2$

Anwendungsaufgaben

31 1. von links nach rechts: $A = 4\ m^2$, $a = 2$ m; $A = 9\ m^2$, $a = 3$ m; $A = 16\ m^2$, $a = 4$ m;
   $A = 36\ m^2$, $a = 6$ m; $A = 49\ m^2$, $a = 7$ m

2. Eine Seite ist 5 m lang.

3. Eine Seite ist 9 cm lang.

4. Familie Jung: Länge 9 m, Breite 4 m, Fläche: 36 m^2
   Familie Radek: Fläche 36 m^2; Länge einer Seite: 6 m

5. Flächen: 100 m^2; Länge einer Seite: 10 m.
   A: Eine Seite des quadratischen Beets ist 10 m lang.

6. Fläche: $A = 81\ m^2$; Länge einer Seite: $a = 9$ m; Umfang: $u = 36$ m.
   A: Der Zaun ist 36 m lang.

Vermischte Übungen

32 1. a) 4^3 b) 7^4 c) 9^5 d) 10^3 e) 6^6 f) 3^4

2. a) $4 \cdot 4 \cdot 4 = 64$ b) $2 \cdot 2 \cdot 2 \cdot 2 \cdot 2 = 32$ c) $8 \cdot 8 = 64$ d) $3 \cdot 3 \cdot 3 = 27$

3. a) 1 000 000 b) 1 000 c) 10 000 d) 100 000 e) 100 f) 10 000 000

4. a) 10^3 b) 10^7 c) 10^6 d) 10^4 e) 10^2 f) 10^9

5. a) $10^2 = 100$ b) $7^2 = 49$ c) $3^2 = 9$ d) $5^2 = 25$ e) $8^2 = 64$

6. a) $\sqrt{36} = 6$, denn $6^2 = 36$ b) $\sqrt{49} = 7$, denn $7^2 = 49$
   c) $\sqrt{25} = 5$, denn $5^2 = 25$ d) $\sqrt{100} = 10$, denn $10^2 = 100$

7. a) $a = 9$ m b) $a = 8$ m c) $a = 10$ m d) $a = 12$ m

8. Fläche: $A = 49\ m^2$; Seitenlänge: $a = 7$ m; Umfang: $u = 28$ m;
   A: Robert benötigt 28 m Maschendraht.

5 Satz des Pythagoras

Satz des Pythagoras

33 1. a)

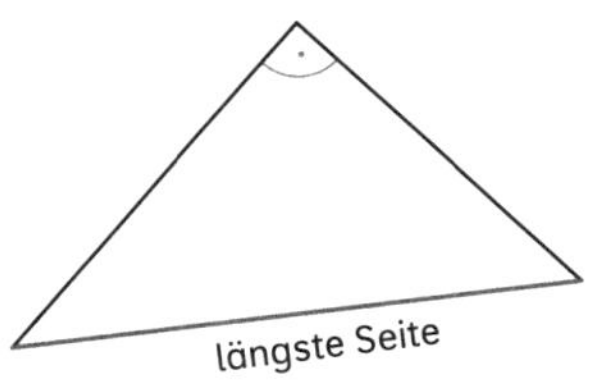

b)

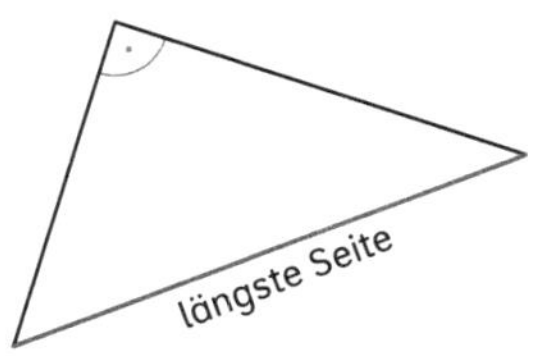

c)

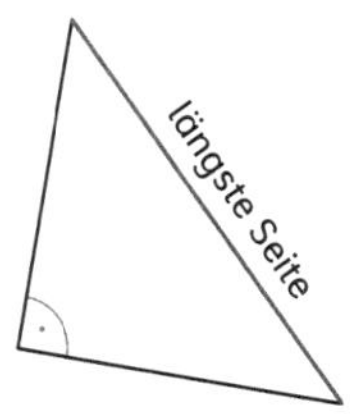

2. a)

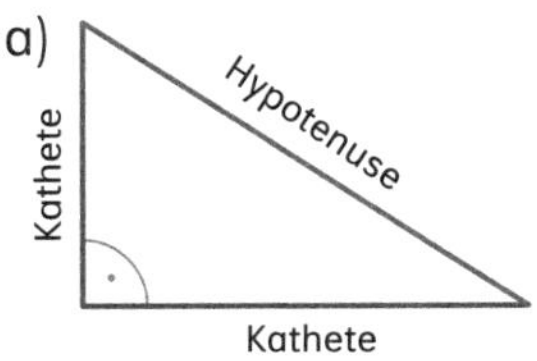

b)

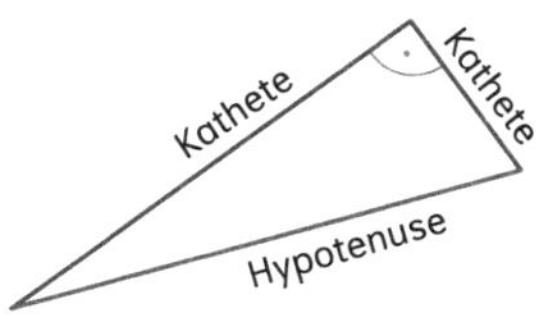

c)

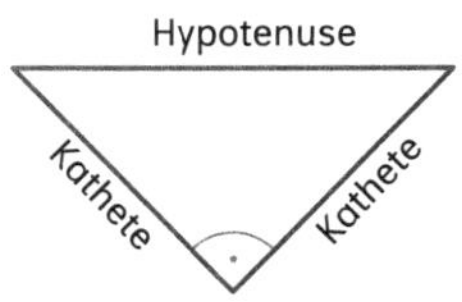

3. a) Hypotenuse: c
   Katheten: a, b
   b) Hypotenuse: r
   Katheten: s, t
   c) Hypotenuse: x
   Katheten: y, z

   d) Hypotenuse: n
   Katheten: l, m
   e) Hypotenuse: v
   Katheten: w, x
   c) Hypotenuse: z
   Katheten: b, r

Satz des Pythagoras

34 1. a) Quadrat A: 9 cm^2; Quadrat B: 16 cm^2; Quadrat C: 25 cm^2
b) A und B zusammen: $9\ cm^2 + 16\ cm^2 = 25\ cm^2$
Die Flächeninhalte der Quadrate A und B sind zusammen so groß wie der Flächeninhalt von Quadrat C.

2. a) $u^2 + v^2 = w^2$ b) $x^2 + y^2 = z^2$ c) $t^2 + s^2 = r^2$ d) $h^2 + k^2 = g^2$

Berechnung der Hypotenuse

35 1. a) $c = 5$ cm b) $c^2 = 100$; $c = 10$ cm

2. a) $c^2 = 169$; $c = 13$ cm b) $c^2 = 4{,}00$; $c = 2$ cm

3. $c^2 = 27{,}04$; $c = 5{,}2$ m. Die Auffahrt der Laderampe ist 5,2 m lang.

Berechnung einer Kathete

36 1. a) $a = 3{,}2$ cm b) $b^2 = 19{,}36$; $b = 4{,}4$ cm

2. a) $a^2 = 17{,}64$; $a = 4{,}2$ cm b) $b^2 = 4$; $b = 2$ cm

3. $a^2 = 20{,}25$; $a = 4{,}5$ m. Der Giebel ist 4,5 m hoch.

Berechnung der Hypotenuse und einer Kathete

37 1. a) $c^2 = 58$; $c = 7{,}6157$; $c \approx 7{,}6$ cm b) $b^2 = 33$; $b = 5{,}744$; $b \approx 5{,}7$ cm

2. a) $c^2 = 29$; $c = 5{,}385$; $c \approx 5{,}4$; Länge der Diagonalen: 5,4 cm
b) $c^2 = 18{,}25$; $c = 4{,}27$; $c \approx 4{,}3$; Länge der Diagonalen: 4,3 cm

3. $a^2 = 26{,}97$; $a = 5{,}193$; $a \approx 5{,}2$. Die fehlende Seitenlänge ist 5,2 cm.

Anwendungsaufgaben

38 1. $c^2 = 117$; $c = 10{,}8$. Die abgeknickte Spitze ist 10,8 m lang.

2. Skizze:

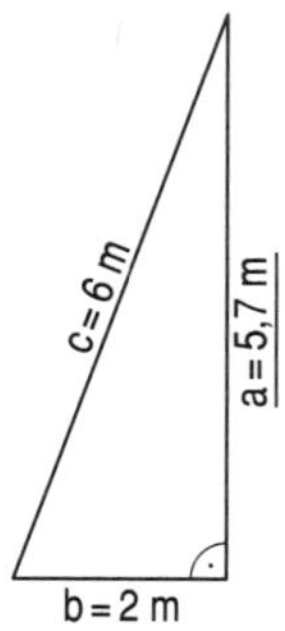

$a^2 = 32$; $a = 5{,}656$; $a \approx 5{,}7$.
Die Leiter berührt die Wand in 5,7 m Höhe.

3. Skizze:

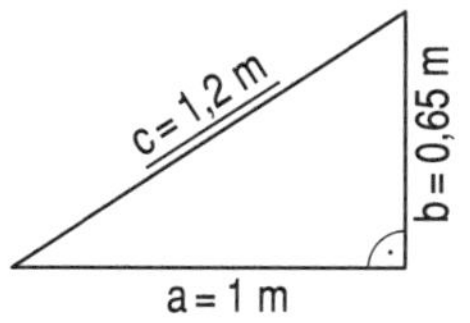

$c^2 = 1{,}4225$; $c = 1{,}19$; $c \approx 1{,}2$.
Die Rampe muss 1,2 m lang sein.

Anwendungsaufgaben

39

1. Skizze:

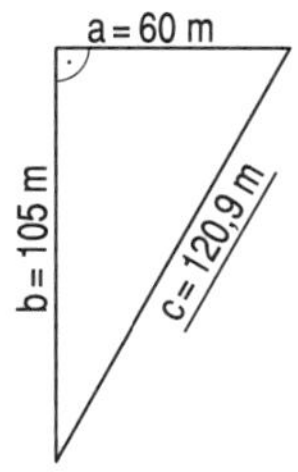

$c^2 = 14\,625$; $c = 120{,}93$.
Der Weg ist 120,9 m lang.

2. Skizze:

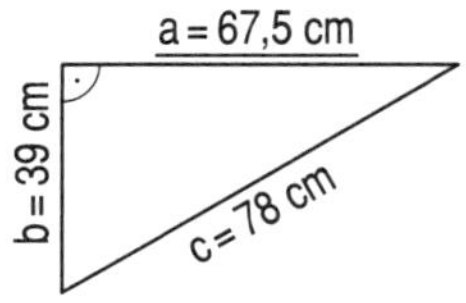

$a^2 = 4\,563$; $a = 67{,}54$; $a \approx 67{,}5$.
Der Bildschirm ist 67,5 cm breit.

3. Skizze:

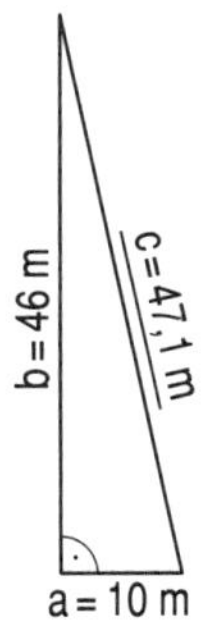

$c^2 = 2\,216$; $c = 47{,}07$; $c \approx 47{,}1$.
Die Seile sind 47,1 m lang.

Vermischte Übungen

40

1. a) $c^2 = 136$; $c = 11{,}7$ cm
   b) $c^2 = 37$; $c = 6{,}1$ cm

2. a) $a^2 = 9{,}84$; $a = 3{,}1$ cm
   b) $b^2 = 18{,}72$; $b = 4{,}3$ cm

3. Skizze:

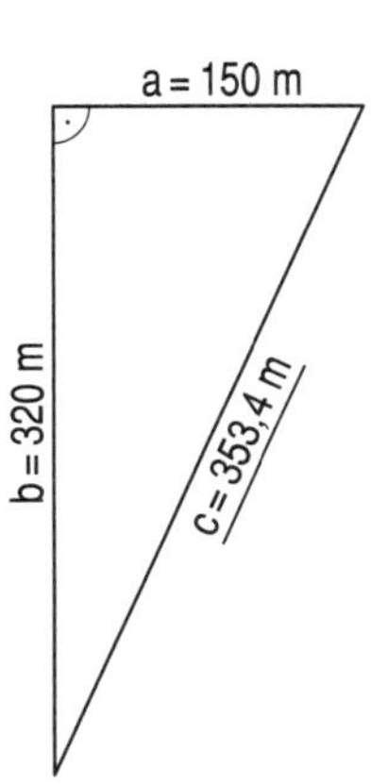

$c^2 = 124\,900$; $c = 353{,}4$.
Der Trampelpfad ist 353,4 m lang.

6 Prozent- und Zinsrechnung

Prozent- und Zinsrechnung

41

1. Prozentwert: 1 050 Besucher

2. Prozentsatz: 30 %

3. Grundwert: 1 200 Personen

4.

Grundwert	100 €	400 m	**500 m**	500 kg	300 €	800 €
Prozentsatz	**20 %**	30 %	10 %	**10 %**	20 %	**5 %**
Prozentwert	20 €	**120 m**	50 m	50 kg	**60 €**	40 €

5. 20 % der Besucher sind jünger als 16 Jahre.

Prozentrechnung

42

1. (A) F: Wie hoch ist der Normalpreis? (Gesucht ist der Grundwert.)
   A: Der Normalpreis beträgt 30 000 €.
   (B) F: Wie hoch ist der Nachlass? (Gesucht ist der Prozentwert.)
   A: Der Nachlass beträgt 2 030 €.
   (C) F: Um wie viel Prozent wird der Neupreis ermäßigt? (Gesucht ist der Prozentsatz.)
   A: Der Neupreis wird um 15 % ermäßigt.
   (D) F: Wie hoch ist der Normalpreis? (Gesucht ist der Grundwert.)
   A: Der Normalpreis beträgt 1 050 €.

Prozentuale Erhöhung und Verminderung

43

1. A

%	€
100	480
1	4,80
120	576

Mit Sonderausstattung kostet das Fahrrad 576 €.

B

%	€
100	560
1	5,60
80	448

In diesem Jahr kostet das Fahrrad 448 €.

2. A

%	€
100	720
1	7,20
112	806,40

Verkaufspreis: 806,40 €

B

%	€
100	540
1	5,40
85	459

Verkaufspreis: 459 €

Rabatt und Skonto

44

1. a)

Jeans	
%	€
100	79,00
1	0,79
70	**55,30**
Neuer Preis: 55,30 €	

b)

Pullover	
%	€
100	48,00
1	0,48
70	**33,60**
Neuer Preis: 33,60 €	

c)

Jacke	
%	€
100	149,00
1	1,49
70	**104,30**
Neuer Preis: 104,30 €	

d)

Kleid	
%	€
100	164,00
1	1,64
70	**114,80**
Neuer Preis: 114,80 €	

2. a)

Bett	
%	€
100	250
1	2,50
97	**242,50**
Preis bei Barzahlung: 242,50 €	

b)

Jugendzimmer	
%	€
100	1 480
1	14,80
97	**1 435,60**
Preis bei Barzahlung: 1 435,60 €	

Bruttolohn und Nettolohn

45

1.

Steuern 12 %	
%	€
100	2 200
1	**22**
12	**264**

Steuern:	264 €
Sozialabgaben:	+ 440 €
Abzüge:	704 €

Bruttolohn:	2 200 €
Abzüge:	– 704 €
Nettolohn:	1 496 €

2.

Steuern 14 %	
%	€
100	2 500
1	**25**
14	**350**

Sozialabgaben 21 %	
%	€
100	2 500
1	**25**
20	**500**

Steuern:	350 €
Sozialabgaben:	+ 500 €
Abzüge:	850 €

Bruttolohn:	2 500 €
Abzüge:	– 950 €
Nettolohn:	1 650 €

3. a)

€	%
2 000	100
1	0,05
160	**8**

Prozentsatz der Steuern: 8 %

b)

€	%
2 500	100
1	0,04
450	18

Prozentsatz der Steuern: 18 %

Jahreszinsen

46 1. a)

Kapital 400 €	
%	€
100	400
1	4
3	**12**

b)

Kapital 900 €	
%	€
100	900
1	9
3	**27**

c)

Kapital 2500 €	
%	€
100	2500
1	25
3	**75**

2.

	a)	b)	c)	d)	e)
Kapital	2000 €	4000 €	1500 €	3000 €	4500 €
Zinssatz	1 %	0,5 %	3 %	1,5 %	1 %
Jahreszinsen	20 €	20 €	45 €	45 €	45 €

3. a)

%	€
100	1780,00
1	17,80
2	**35,60**
Zinsen für ein Jahr:	35,60 €
Guthaben am Jahresende:	**1815,60 €**

b)

%	€
100	7640,00
1	76,40
1,5	**114,00**
Zinsen für ein Jahr:	114,60 €
Guthaben am Jahresende:	**7754,60 €**

4. a)

%	€
2	28
1	14
100	**1400**
Zinsen für ein Jahr:	**1400 €**

b)

%	€
3	78
1	26
100	**2600**
Zinsen für ein Jahr:	**2600 €**

Monatszinsen

47 1.

Jahreszinsen	
%	€
100	36000
1	360
2	720

Monatszinsen	
Monate	€
12	720
1	60
3	180

Für 3 Monate bekommt Frau Keller 180 € Zinsen.

2. A

Jahreszinsen	
%	€
100	48 000
1	480
1,2	576

Monatszinsen	
Monate	€
12	576
1	48
5	432

Monatszinsen: 2432 €

B

Jahreszinsen	
%	€
100	9600
1	96
8	768

Monatszinsen	
Monate	€
12	768
1	64
7	448

Monatszinsen: 448 €

C

Jahreszinsen	
%	€
100	37 200,00
1	372,00
1,4	520,80

Monatszinsen	
Monate	€
12	520,80
1	43,40
5	217,00

Monatszinsen: 217 €

Zinsrechnung am Computer

48 1. –

2. = B3 + B5 (3. Formel)

3. a) Zinsen 40,50 €
Guthaben am Jahresende 2740,50 €
b) Zinsen 74,29 €
Guthaben am Jahresende 4444,29 €

4. a) Zinsen 102,0870 €
Guthaben am Jahresende 5475,0870 €
b) Zinsen 34,8 €
Guthaben am Jahresende 3899,8 €

5. Zinssatz 1,5 %

Zinsrechnung am Computer

49 1. **B7** = B6/12; **B8** = B7*B5

2. a) –
   b) links:

Jahreszinsen	95,40 €
Monatszinsen	7,95 €
Zinsen für die Anlagezeit	39,75 €

rechts:

Jahreszinsen	42,16 €
Monatszinsen	3,51 €
Zinsen für die Anlagezeit	24,59 €

3. a) B6 = B3*B4; B7 = B6/12; B8 = B7*B5; B9 = B3 + B8
   b) Nach 8 Monaten müsste Frau Keller den Kredit spätestens zurückzahlen. Dann wäre der Rückzahlungsbetrag 8976 €.

Vermischte Übungen

50 1. a)

%	€
3	1500
1	500
100	50000

Grundwert

b)

%	€
100	7200
1	72
2	144

Prozentwert

c)

€	%
20	100
1	5
5	25

Prozentsatz

2. a) Verkaufspreis: 714 €   b) Verkaufspreis: 820,80 €

3.

Steuern 16 %	
%	€
100	2600
1	26
16	410

Sozialabgaben 20 %	
%	€
100	2600
1	26
20	520

Steuern:	416 €
Sozialabgaben:	+ 520 €
Abzüge:	936 €

Bruttolohn:	2600 €
Abzüge:	– 936 €
Nettolohn:	1664 €

4.

Jahreszinsen	
%	€
100	5500
1	55
1,2	66

Monatszinsen	
Monate	€
12	66
1	5,50
9	49,50

Monatszinsen: 49,50 €

7 Kreis und Zylinder

Kreis und Zylinder

51 1. Der Umfang ist ungefähr dreimal so groß.

2. Es gilt: $u \approx 3 \cdot d$
   a) $u \approx 270$ cm   b) $u \approx 210$ cm   c) $u \approx 150$ cm   d) $u \approx 360$ cm

3. a) d = 30 cm; u = 94 cm   b) d = 48 cm; u = 151 cm

Umfang des Kreises

52

1. a) $u = \pi \cdot d$
   $u = 3{,}14 \cdot 2$
   $u = 6{,}28$ cm

   b) $u = 2 \cdot \pi \cdot r$
   $u = 2 \cdot 3{,}14 \cdot 2$
   $u = 12{,}56$ cm

   c) $u = \pi \cdot d$
   $u = 3{,}14 \cdot 5$
   $u = 15{,}70$ cm

   d) $u = 2 \cdot \pi \cdot r$
   $u = 2 \cdot 3{,}14 \cdot 5$
   $u = 31{,}40$ cm

2.

	a)	b)	c)	d)	e)	f)
Radius (r)	4 cm	5 cm	20 cm	40 cm	**7 cm**	**11 cm**
Durchmesser (d)	**8 cm**	**10 cm**	**40 cm**	**80 cm**	14 cm	22 cm
Umfang (u)	**25,12 cm**	**31,4 cm**	**125,6 cm**	**251,2 cm**	**43,96 cm**	**69,08 cm**

3. a) Die Spitze des großen Zeigers legt in einer Stunde u = 27,004 m zurück.
   b) Die Spitze des kleinen Zeigers legt an einem Tag 2-mal den Kreis-Umfang zurück, also 2u = 33,912 m.

Flächeninhalt des Kreises

53

1. Es gilt immer $A = \pi \cdot r^2$
   a) $A = 3{,}14 \cdot 2 \cdot 2$
   $A = 12{,}56\ \text{cm}^2$

   b) $A = 3{,}14 \cdot 5 \cdot 5$
   $A = 78{,}5\ \text{cm}^2$

   c) $A = 3{,}14 \cdot 7 \cdot 7$
   $A = 153{,}86\ \text{cm}^2$

   d) $A = 3{,}14 \cdot 3 \cdot 3$
   $A = 28{,}26\ \text{cm}^2$

2.

	a)	b)	c)	d)	e)	f)
Radius (r)	5 cm	8 cm	20 cm	**4 cm**	**25 cm**	**31 cm**
Durchmesser (d)	**10 cm**	**16 cm**	**40 cm**	8 cm	50 cm	62 cm
Flächeninhalt (A)	**78,5 cm²**	**200,96 cm²**	**1 256 cm²**	**50,24 cm²**	**1 962,5 cm²**	**3 017,54 cm²**

3. a) Die Fläche ist $254{,}34\ \text{m}^2$ groß.
   b) Arm verdoppelt: Die Fläche ist jetzt $1\,017{,}36\ \text{m}^2$ groß.

Kreisteile

54

1. Größe der Verkehrsinsel: $A_1 = 113{,}04\ \text{m}^2$
   Größe des Blumenbeets: $A_2 = 28{,}26\ \text{m}^2$
   Größe der Rasenfläche: $A = A_1 - A_2$; $A = 84{,}78\ \text{m}^2$

2. a) $A = 9{,}42\ \text{m}^2$ (Rechnung: $A = 12{,}56 - 3{,}14$)
   b) $A = 15{,}7\ \text{m}^2$ (Rechnung: $A = 28{,}26 - 12{,}56$)

3. a) Kreis: $A = 50{,}24\ \text{cm}^2$
   b) Halbkreis: $A = 25{,}12\ \text{cm}^2$
   c) Viertelkreis: $A = 12{,}56\ \text{cm}^2$
   d) Achtelkreis: $A = 6{,}28\ \text{cm}^2$

4. halbe Maxi-Pizza: $A = 759{,}88\ \text{cm}^2$; kleine Pizza: $A = 379{,}94\ \text{cm}^2$
   Bei einer halben Maxi-Pizza bekommt man mehr (doppelt so viel!) als bei einer ganzen kleinen Pizza.

Zusammengesetzte Figuren

55 1. a) Quadrat: $A_1 = 16\ cm^2$; Kreis: $A_2 = 3{,}14\ cm^2$;
Gesamtfläche: $A = A_1 - A_2$; $A = 12{,}86\ cm^2$
b) Halbkreis: $A_1 = 6{,}28\ cm^2$; Quadrat: $A_2 = 4\ cm^2$;
Gesamtfläche: $A = A_1 + A_2$; $A = 10{,}28\ cm^2$

2. Rechteck: $A_1 = 2{,}4\ m^2$; Halbkreis: $A_2 = 1{,}0048\ m^2$;
Gesamtfläche: $A = A_1 - A_2$; $A = 1{,}3952\ m^2$

3. a) Kreisumfang: u = 18,84 cm; Länge des Bandes: l = u + 6 + 6; l = 30,84 cm
b) Kreisumfang: u = 18,84 cm; Länge des Bandes: l = u + 12 + 12; l = 42,84 cm

Oberfläche des Zylinders

56 1. a) $G = 28{,}26\ cm^2$; $M = 169{,}56\ cm^2$; $O = 2 \cdot G + M$; $O = 226{,}08\ cm^2$
b) $G = 254{,}34\ cm^2$; $M = 423{,}9\ cm^2$; $O = 2 \cdot G + M$; $O = 932{,}58\ cm^2$
c) $G = 50{,}24\ cm^2$; $M = 138{,}16\ cm^2$; $O = 2 \cdot G + M$; $O = 238{,}64\ cm^2$

2. $G = 78{,}5\ cm^2$; $M = 367{,}8\ cm^2$; $O = 2 \cdot G + M$; $O = 533{,}8\ cm^2$
Man benötigt 533,8 cm^2 Blech.

Volumen des Zylinders

57 1. a) $G = 153{,}86\ cm^2$; $V = 3077{,}2\ cm^3$ b) $G = 452{,}16\ cm^2$; $V = 7234{,}56\ cm^3$
c) $G = 50{,}24\ cm^2$; $V = 1291{,}168\ cm^3$

2. a) $G = 113{,}04\ m^2$; $V = 1469{,}52\ m^3$. Es passen 1 469,52 m^3 Öl in den Tank.
b) $G = 2{,}5434\ m^2$; $V = 27{,}9774\ m^3$. Es passen 27,9774 m^3 Öl in den Tank.

Volumen und Oberfläche des Zylinders

58 1.

	V	O
Eine Dose wird aus Blech hergestellt.		x
Eine Regentonne wird geleert.	x	
Ein kreisrundes Silo wird mit Getreide befüllt.	x	
Eine Konservendose erhält eine Schutzschicht gegen Rost.		x
Eine Dose wird mit Farbe gefüllt.	x	

2. a) Der Flächeninhalt der Grundfläche beträgt 1 256 cm^2. Der Flächeninhalt der Mantelfläche beträgt 5 024 cm^2.
b) Das Volumen des Gasometers beträgt 50 240 cm^3.

3. Der Pool enthält 15,072 m^3 Wasser.

4. a) Es wird 0,942 m^3 Heu in den Ballen gepresst.
b) Es wird 5,338 m^2 Folie für einen Ballen benötigt.

Zusammengesetzte Figuren

55 1. a) Quadrat: $A_1 = 16\ cm^2$; Kreis: $A_2 = 3{,}14\ cm^2$;
Gesamtfläche: $A = A_1 - A_2$; $A = 12{,}86\ cm^2$
b) Halbkreis: $A_1 = 6{,}28\ cm^2$; Quadrat: $A_2 = 4\ cm^2$;
Gesamtfläche: $A = A_1 + A_2$; $A = 10{,}28\ cm^2$

2. Rechteck: $A_1 = 2{,}4\ m^2$; Halbkreis: $A_2 = 1{,}0048\ m^2$;
Gesamtfläche: $A = A_1 - A_2$; $A = 1{,}3952\ m^2$

3. a) Kreisumfang: $u = 18{,}84\ cm$; Länge des Bandes: $l = u + 6 + 6$; $l = 30{,}84\ cm$
b) Kreisumfang: $u = 18{,}84\ cm$; Länge des Bandes: $l = u + 12 + 12$; $l = 42{,}84\ cm$

Oberfläche des Zylinders

56 1. a) $G = 28{,}26\ cm^2$; $M = 169{,}56\ cm^2$; $O = 2 \cdot G + M$; $O = 226{,}08\ cm^2$
b) $G = 254{,}34\ cm^2$; $M = 423{,}9\ cm^2$; $O = 2 \cdot G + M$; $O = 932{,}58\ cm^2$
c) $G = 50{,}24\ cm^2$; $M = 138{,}16\ cm^2$; $O = 2 \cdot G + M$; $O = 238{,}64\ cm^2$

2. $G = 78{,}5\ cm^2$; $M = 367{,}8\ cm^2$; $O = 2 \cdot G + M$; $O = 533{,}8\ cm^2$
Man benötigt $533{,}8\ cm^2$ Blech.

Volumen des Zylinders

57 1. a) $G = 153{,}86\ cm^2$; $V = 3077{,}2\ cm^3$
b) $G = 452{,}16\ cm^2$; $V = 7234{,}56\ cm^3$
c) $G = 50{,}24\ cm^2$; $V = 1291{,}168\ cm^3$

2. a) $G = 113{,}04\ m^2$; $V = 1469{,}52\ m^3$. Es passen $1469{,}52\ m^3$ Öl in den Tank.
b) $G = 2{,}5434\ m^2$; $V = 27{,}9774\ m^3$. Es passen $27{,}9774\ m^3$ Öl in den Tank.

Volumen und Oberfläche des Zylinders

58 1.

	V	O
Eine Dose wird aus Blech hergestellt.		x
Eine Regentonne wird geleert.	x	
Ein kreisrundes Silo wird mit Getreide befüllt.	x	
Eine Konservendose erhält eine Schutzschicht gegen Rost.		x
Eine Dose wird mit Farbe gefüllt.	x	

2. a) Der Flächeninhalt der Grundfläche beträgt $1256\ cm^2$. Der Flächeninhalt der Mantelfläche beträgt $5024\ cm^2$.
b) Das Volumen des Gasometers beträgt $50240\ cm^3$.

3. Der Pool enthält $15{,}072\ m^3$ Wasser.

4. a) Es wird $0{,}942\ m^3$ Heu in den Ballen gepresst.
b) Es wird $5{,}338\ m^2$ Folie für einen Ballen benötigt.

7. a)

+	3,4	1,7	4,6	5,3
4,2	7,6	5,9	8,8	9,5
7,5	10,9	9,2	12,1	12,8

b)

–	4,5	2,1	5,7	3,6
9,8	5,3	7,7	4,1	6,2
6,5	2,0	4,4	0,8	2,9

8. a) 71,95 b) 30,1 c) 43,64

9. Lösungswort: **JAZZDANCE**

10. a) 623,2 b) 47,43 c) 58,838 d) 5,576

11. a) 88,48 : 4 = 22,12
45,79 : 100 = 0,4579
b) 428,31 : 9 = 47,59
432,87 : 10 = 43,387
c) 68,426 : 2 = 34,213
17,076 : 4 = 4,269

Alles paletti

79 12. a) 128 cm = 1,28 m
34 cm = 0,34 m
2,07 m = 207 cm
2,5 m = 250 cm
b) 18 cm = 180 mm
2,7 cm = 27 mm
35 mm = 3,5 cm
1 205 mm = 120,5 cm
c) 1 250 m = 1,25 km
468 m = 0,468 km
2,5 km = 2 500 m
3,05 km = 3 050 m

13. a) 50 cm b) 75 cm c) 10 cm

14. a) 2,8 m
2,5 m
2,26 m
1,25 m
b) 3,4 m
1,9 m
2,84 m
0,1 m

15. a)

1 kg 350 g	3 kg 25 g	0 kg 507 g
1,350 kg	3,025 kg	0,507
1 350 g	3 025 g	507 g

b)

1 t 250 kg	0 t 725 kg	1 t 380 kg
1,25 t	0,725 t	1,38 t
1 250 kg	725 kg	1 380 kg

16. a) 400 g + 600 g = 1 kg
80 g + 920 g = 1 kg
0,7 kg + 300 g = 1 kg
0,1 kg + 900 g = 1 kg
b) 940 kg + 60 kg = 1 t
300 kg + 700 kg = 1 t
0,825 t + 175 kg = 1 t
0,750 t + 250 kg = 1 t

17. a) 1,500 kg + 500 g = **2,0** kg
3,400 kg + 450 g = **3,85** kg
4,800 kg + 750 g = **5,55** kg
0,500 kg + 800 g = **1,3** kg

b) 3,500 kg − 200 g = **3,3** kg
2,780 kg − 150 g = **2,63** kg
4,250 kg − 500 g = **3,75** kg
0,750 kg − 700 g = **0,05** kg

18. a) 180 min
45 min

b) 240 min
90 min

c) 165 min
135 min

Alles paletti

80 19. a)

Anzahl	€
5	3,50
1	0,70
12	8,40
Preis für 12 Stifte: 8,40 €	

b)

Anzahl	€
4	1,00
1	0,25
7	1,75
Preis für 7 Patronen: 1,75 €	

20. In einer halben Stunde fährt Herr Dux 45 km weit.

21.

h	km
3	39
1	13

Pro Stunde legt Paolo 13 km zurück.

22. a)

Lkw	Fahrten
2	10
1	20
5	4

b)

Lkw	Fahrten
3	12
1	36
4	9

c)

Lkw	Fahrten
5	9
1	45
3	15

23. a)

Arbeitszeit	
Personen	h
5	10
1	50
2	25
antiproportional	

b)

Preis	
Bohrer	€
2	9,00
1	4,50
3	13,50
proportional	

c)

Fahrtdauer	
km	h
300	6
100	2
400	8
proportional	

Alles paletti

81

24.

Größe im Original	4 cm	**3 cm**	40 cm	5 mm	3 mm
Vergrößerung	2-fach	20-fach	5-fach	**100-fach**	200-fach
Maßstab	2 : 1	20 : 1	**5 : 1**	100 : 1	**200 : 1**
Größe in der Abbildung	**8 cm**	60 cm	200 cm	**500 mm = 50 cm**	**600 mm = 60 cm**

25.

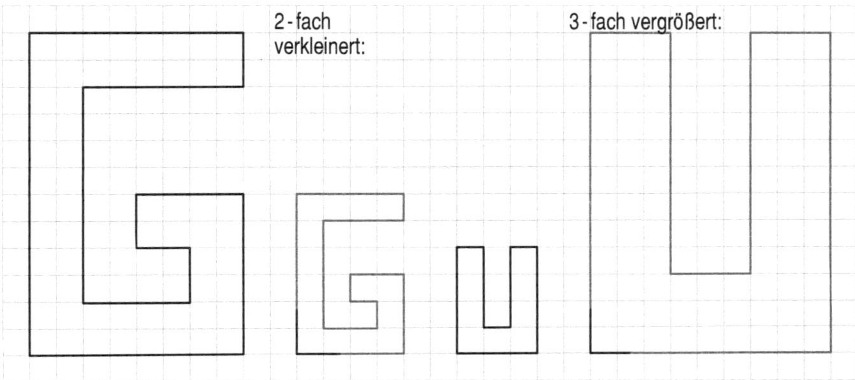

26.

Maßstab	1 : 10	1 : 1000	1 : 20	1 : 1	10 : 1	100 : 1
Länge in Zeichnung	**2 cm**	10 cm	**10 cm**	20 cm	15 cm	**300 mm = 30 cm**
Länge in Wirklichkeit	20 cm	**10000 cm = 100 m**	200 cm	**20 cm**	**1,5 cm**	3 mm

27. a) 2^3 b) 5^4 c) 3^5

28. a) $3 \cdot 3 \cdot 3 = 27$ b) $2 \cdot 2 \cdot 2 \cdot 2 \cdot 2 = 32$ c) $7 \cdot 7 = 49$ d) $5 \cdot 5 \cdot 5 = 125$

29. a) a = 5 m b) a = 6 m c) a = 10 m d) a = 9 m

30. a) $\sqrt{16} = \mathbf{4}$, denn $\mathbf{4}^2 = 16$ b) $\sqrt{100} = \mathbf{10}$, denn $\mathbf{10}^2 = 100$
c) $\sqrt{64} = \mathbf{8}$, denn $\mathbf{8}^2 = 64$ d) $\sqrt{144} = \mathbf{12}$, denn $\mathbf{12}^2 = 144$

Alles paletti

82

31. a) $u^2 + v^2 = w^2$ b) $a^2 + b^2 = c^2$ c) $x^2 + r^2 = y^2$ d) $g^2 + h^2 = s^2$

32. $c^2 = 2{,}6^2 + 1{,}1^2$; $c = \sqrt{7{,}97}$; $c = 2{,}82$ Die Stützen sind 2,82 m lang.

33.

Küche		
%	€	
100	3450,00	3450,00
1	34,50	– 103,50
3	103,50	3346,50
Preis bei Barzahlung: 3346,50 €		

Waschmaschine		
%	€	
100	789,00	789,00
1	7,89	– 23,67
3	23,67	765,33
Preis bei Barzahlung: 765,33 €		

34.

Zinssatz	1 %	3 %	6 %	9 %	10 %	12 %
Zinsen	**80 €**	**240 €**	**480 €**	**720 €**	**800 €**	**960 €**

Alles paletti

83 35.

%	€
100	7500
1	75,00
1,2	**90,00**

Monate	€
12	**90,00**
1	7,50
7	**52,50**

36. $A = 19{,}625\ cm^2$; $u = 15{,}7\ cm$ — $A = 25{,}12\ cm^2$; $u = 20{,}56\ cm$ — $A = 22{,}465\ cm^2$; $u = 37{,}98\ cm$

37. a) $G = \pi \cdot r^2$; $G = 3{,}14 \cdot 2^2$; $G = 12{,}56\ cm^2$;
$V = G \cdot h_K$; $V = 12{,}56 \cdot 7$; $\mathbf{V = 87{,}92\ cm^3}$
b) $M = \pi \cdot d \cdot h_K$; $M = 3{,}14 \cdot 4 \cdot 7$; $\mathbf{M = 87{,}92\ cm^2}$

Alles paletti

84 38. a) $x = 3$ b) $x = 4$ c) $a = 3$

39. a) Gleichung: $8x + 8 = 48$; $x = 5$ b) Gleichung: $4x + 22 = 46$; $x = 6$

40. a) Gleichung: $4x - 6 = 2x$; $x = 3$ b) Gleichung: $44 - 2x = 3x + 4$; $x = 8$
c) Gleichung: $17 + 2x = 3x + 19$; $x = -2$

41. a) $P(\text{blau}) = \frac{1}{3}$ b) $P(\text{blau}) = \frac{5}{6}$ c) $P(\text{blau}) = \frac{3}{8}$ d) $P(\text{blau}) = \frac{1}{2}$

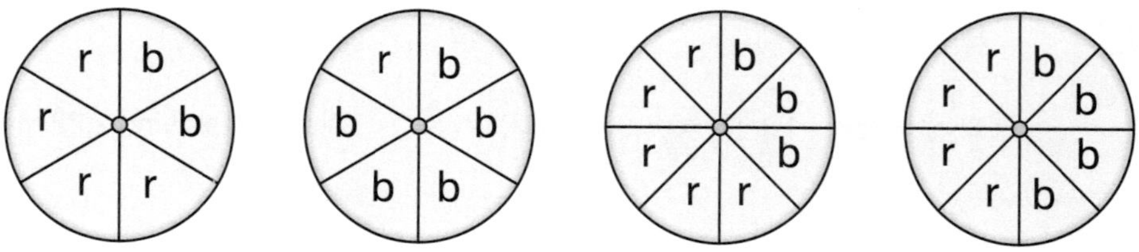

Basiswissen

1

1. a)

+	120	210	450
2840			
4320			
7850			

b)

–	180	150	310
1590			
3380			
5210			

2. a) 2395 + 7 = ______
7597 + 4 = ______
8998 + 3 = ______

b) 7201 – 5 = ______
8702 – 8 = ______
5004 – 9 = ______

c) 29540 + 38 = ______
74695 – 21 = ______
63253 + 15 = ______

3. Die Summe der Zahlen in zwei nebeneinander liegenden Steinen steht im Stein darüber.

a)
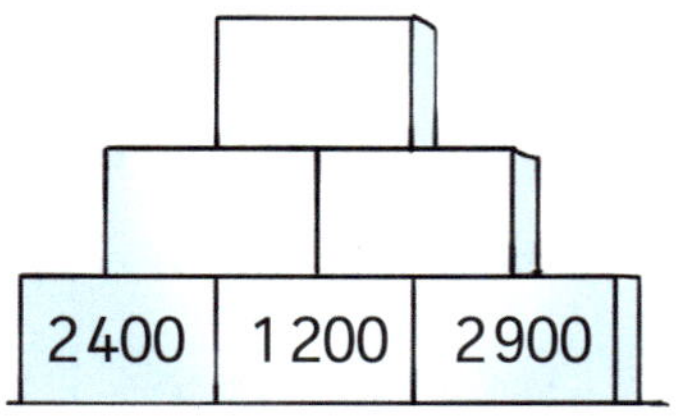

b)
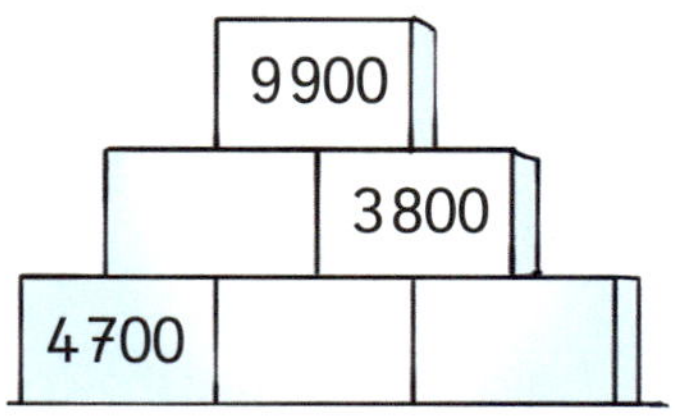

c)
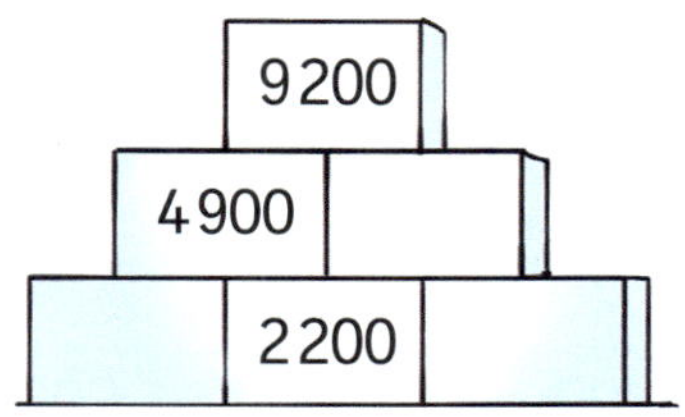

4. Trage die Buchstaben bei den Lösungszahlen ein. Du erhältst ein Lösungswort.

a) 3458 + 2450 **O**

b) 14508 + 23697 **S**

c) 1302 + 98428 **G**

d) 23407 + 30573 **R**

e) 84573 + 3027 **N**

f) 6837 – 1331 **H**

g) 23474 – 11532 **C**

h) 78024 – 2842 **U**

i) 51607 – 19406 **H**

j) 68041 – 17230 **P**

5506	5908	11942	32201	38205	50811	53980	75182	87600	99730

5. Im Kopf oder schriftlich?

a) 12360 + 1100 = ______
46219 + 8709 = ______
23640 + 9999 = ______

b) 34500 – 2300 = ______
75300 – 9999 = ______
48079 – 8769 = ______

c) 44430 + 12000 = ______
46685 – 28720 = ______
60250 – 10200 = ______

1. a) 712 · 100 = ____
809 · 10 = ____
51 · 1 000 = ____

b) 3000 · 8 = ____
200 · 90 = ____
60 · 600 = ____

c) 4002 · 2 = ____
203 · 30 = ____
3010 · 5 = ____

2. a) 28000 : 100 = ____
7100 : 10 = ____
190000 : 100 = ____

b) 4800 : 6 = ____
3200 : 8 = ____
2400 : 3 = ____

c) 1 200 : 600 = ____
18000 : 9 = ____
250000 : 50 = ____

3. a)

·	30	20	8
40			
5000			
700			

b)

:	2	30	6
1 800			
36000			
120000			

4. Trage die Buchstaben bei den Lösungszahlen ein. Du erhältst ein Lösungswort.

a) 410 · 3 = ____ S
220 · 5 = ____ U
80 · 30 = ____ E
180 · 2 = ____ I

b) 5500 · 2 = ____ F
4000 · 6 = ____ E
600 · 60 = ____ N
320 · 4 = ____ W

c) 18000 : 20 = ____ K
32000 : 40 = ____ S
27000 : 300 = ____ D
48000 : 6 = ____ R

90	360	800	900	1 100	1 230	1 280	2400	8000	11 000	24000	36000

5. a) 3 4 8 · 7
b) 6 7 2 · 4
c) 3 8 0 5 · 6
d) 4 8 9 3 · 5
e) 4 9 7 · 8 0
f) 7 8 3 · 2 5
g) 6 0 7 9 · 2 4
h) 4 8 3 · 7 8

6. Im Kopf oder schriftlich? Trage die Ergebnisse ein.

a) 7842 : 3 = ____
2505 : 5 = ____

b) 56080 : 8 = ____
54009 : 9 = ____

c) 27996 : 4 = ____
49007 : 7 = ____

1. Rechne im Kopf.

a) 21,4 + 2,3 = ____
59,8 + 1,2 = ____
3,23 + 2,4 = ____

b) 45,8 − 4,5 = ____
24,6 − 14,3 = ____
9,76 − 3,4 = ____

c) 6,2 · 3 = ____
4,1 · 8 = ____
0,7 · 9 = ____

d) 15,5 : 5 = ____
24,8 : 8 = ____
8,06 : 2 = ____

2. a)

·	0,2	0,03	1,1	3,1
4				
40				
50				

b)

:	2	3	4	6
1,2				
0,12				
0,36				

3. Setze im Ergebnis das Komma an die richtige Stelle.

a) 6 3, 8 · 4

b) 1 3 6, 7 · 6

c) 4, 5 2 · 7

d) 1 7, 3 8 · 9

4. Im Kopf oder schriftlich? Trage die Ergebnisse ein.

a) 36,9 : 3 = ____
17,2 : 2 = ____

b) 36,24 : 4 = ____
14,14 : 7 = ____

c) 505,55 : 5 = ____
828,72 : 9 = ____

5.

a)

F: ____

A: ____

b)

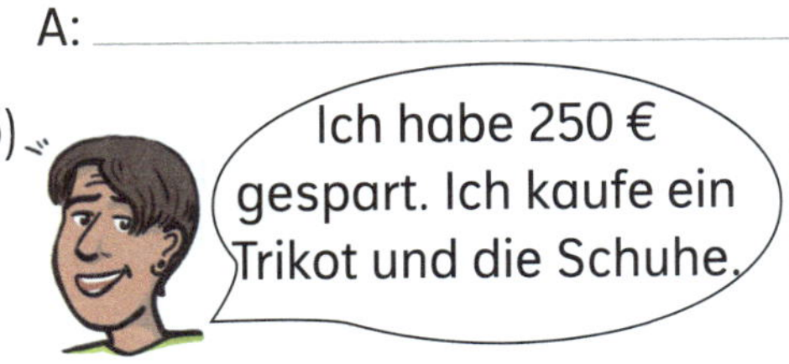

F: ____

A: ____

1. Ordne die Zahlen zu.

3,05 | 3,17 | 3,32 | 3,48 | 3,59 | 3,74 | 3,86 | 4,02

3,0 — 3,1 — 3,2 — 3,3 — 3,4 — 3,5 — 3,6 — 3,7 — 3,8 — 3,9 — 4,0 — 4,1

2. Schreibe mit einer Dezimalzahl.

a) $\frac{1}{4}$ m = ______ m
$\frac{3}{4}$ m = ______ m

b) $\frac{1}{10}$ kg = ______ kg
$\frac{7}{10}$ kg = ______ kg

c) $\frac{1}{2}$ km = ______ km
$\frac{1}{5}$ km = ______ km

Verschiebe das Komma in beiden Zahlen so weit nach rechts, bis die zweite Zahl kein Komma mehr hat.	4,05 : 0,5 40,5 : 5	72,648 : 0,09 7264,8 : 9

3. Verschiebe zuerst das Komma, dann rechne im Kopf.

a) 2,5 : 0,5 = ______ = __
1,8 : 0,3 = ______ = __

b) 4,5 : 0,9 = ______ = __
3,2 : 0,4 = ______ = __

c) 3,3 : 1,1 = ______ = __
2,4 : 1,2 = ______ = __

4. a) 1,98 : 0,3 = ______

19,8 : 3 =

b) 5,04 : 0,7 = ______

c) 4,35 : 0,05 = ______

5. Im Kopf oder schriftlich? Trage die Ergebnisse ein.

a) 6 : 0,5 = ______
8 : 0,4 = ______

b) 7,29 : 0,9 = ______
2,08 : 0,2 = ______

c) 17,6 : 0,08 = ______
0,63 : 0,03 = ______

6. a)

Äpfel
0,7 kg 1,26 €

Preis für 1 kg: ______

b)

Trauben
1,2 kg 3,60 €

Preis für 1 kg: ______

c)

Kirschen
0,8 kg 5,20 €

Preis für 1 kg: ______

1,26 : 0,7
12,6 : 7 =

1. Wie heißen die Zahlen?

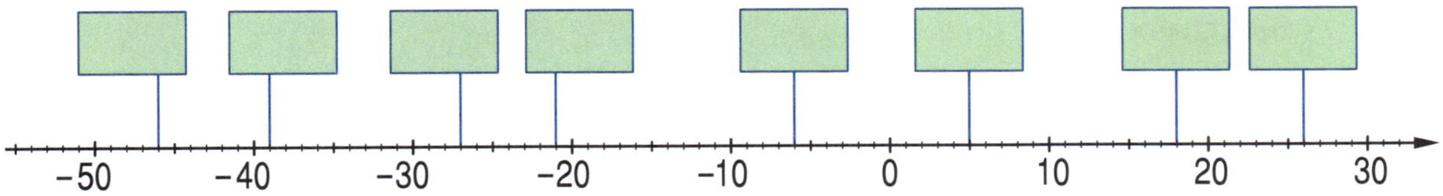

2. Ein Kaufhaus hat 5 Obergeschosse über dem Erdgeschoss und 4 Parkdecks darunter. Plus-Zeichen bedeuten Fahrstuhlfahrten nach oben, Minus-Zeichen Fahrten nach unten. Ergänze die Angaben.

Einstieg	Fahrstuhlfahrt	Ausstieg
2	− 3	
− 1	+ 4	
	+ 4	2
	− 2	1
5		− 4
2		− 3

3. Beachte, ob Geld ausgezahlt oder eingezahlt wird. Ergänze die fehlenden Geldbeträge.

a)

Kontostand (alt)	Auszahlung	Kontostand (neu)
50 €	20 €	
− 10 €	40 €	
20 €		− 10 €
15 €		− 25 €

b)

Kontostand (alt)	Einzahlung	Kontostand (neu)
34 €	16 €	
− 10 €	40 €	
40 €		60 €
− 30 €		50 €

4. Trage die Buchstaben bei den Lösungszahlen ein. Du erhältst ein Lösungswort.

a) − 3 + 8 = ______ I
2 − 7 = ______ S
1 − 9 = ______ U
− 4 + 5 = ______ E

b) − 10 − 10 = ______ P
20 − 30 = ______ M
− 30 + 15 = ______ O
13 − 14 = ______ I

c) − 12 + 15 = ______ R
18 − 18 = ______ K
12 − 24 = ______ P
− 10 + 18 = ______ N

− 20	− 15	− 12	− 10	− 8	− 5	− 1	0	1	3	5	8

5. Die Summe der Zahlen in zwei nebeneinander liegenden Steinen steht im Stein darüber.

a)

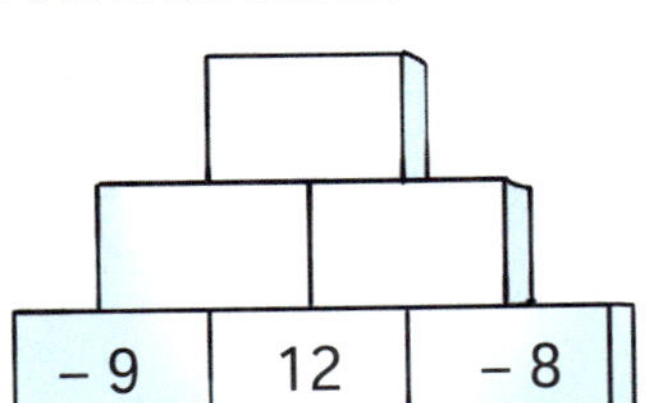

b)

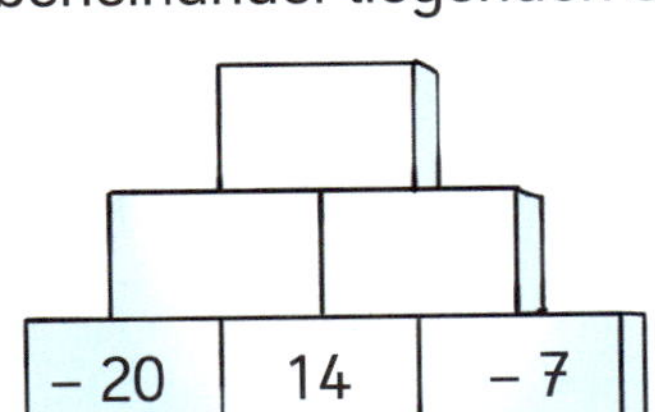

c)

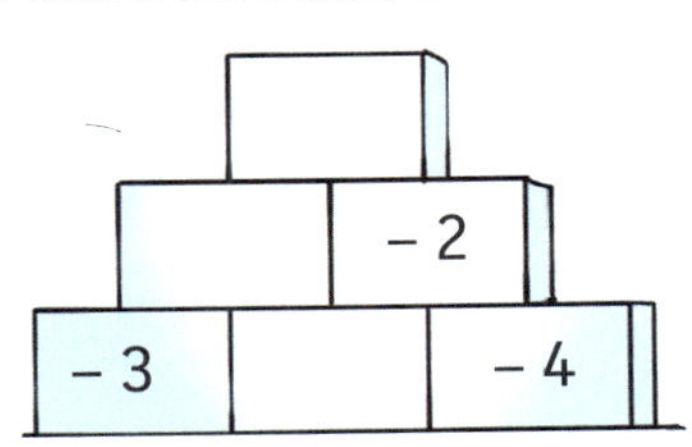

1. Vervollständige die Tabelle und das zugehörige Schaubild.

Brötchen	
Anzahl	€
1	
2	1,00
3	1,50
4	
5	
6	
7	

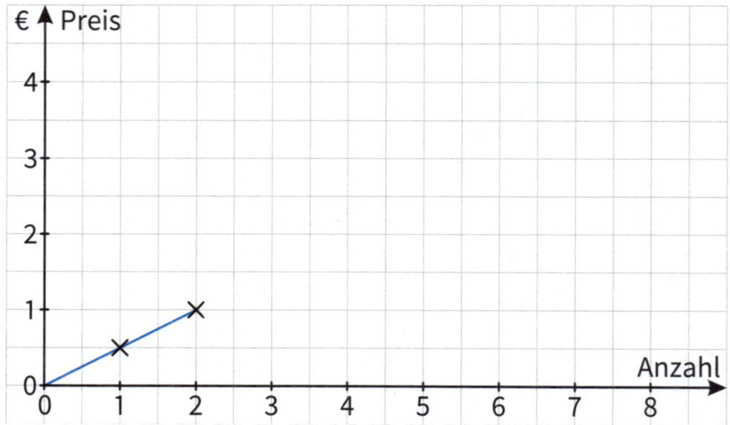

2. Berechne den fehlenden Preis.

a)

Brezel	
Anzahl	€
2	1,40
6	

b)

Mohnbrötchen	
Anzahl	€
3	1,80
6	

c)

Apfeltasche	
Anzahl	€
10	15,00
2	

d)

Baguette	
Anzahl	€
3	6,60
1	

3. a)

Croissant	
Anzahl	€
4	4,40
1	
7	

b)

Käsebrötchen	
Anzahl	€
2	1,40
1	
5	

c)

Bauernbrot	
Anzahl	€
5	15,50
1	
3	

d)

Vollkornbrot	
Anzahl	€
2	8,80
1	
3	

4. Vervollständige die Tabelle. Trage das Ergebnis ein.

a)

Lohn für 3 Arbeitsstunden: 36 €
Lohn für 8 Arbeitsstunden: ________ €

Stunden	€

b)

Lohn für 6 Arbeitsstunden: 90 €
Lohn für 5 Arbeitsstunden: ________ €

Stunden	€

5. Wie viel Minuten benötigen die sechs Jugendlichen für die Arbeit?

Personen	min
3	20
6	

A: ______________________________

1. Je mehr Lkw für den Transport eingesetzt werden, desto weniger Fahrten muss jeder Lkw machen. Wie viele Fahrten muss jeder Lkw machen?

a)

Sand	
Lkw	Fahrten
3	10
6	

b)

Kies	
Lkw	Fahrten
4	8
2	

c)

Bauschutt	
Lkw	Fahrten
5	12
15	

d)

Torf	
Lkw	Fahrten
6	3
2	

2. Wie lange reicht das Futter für die Tiere?

a)

Löwen	Tage
4	6
1	
6	

b)

Lamas	Tage
3	12
1	
4	

c)

Zebras	Tage
2	9
1	
3	

d)

Robben	Tage
5	30
1	
3	

3. Ist die Zuordnung proportional (p) oder antiproportional (a) ? Kreuze an.

	p	a
a) Für das Schneiden der Bäume im Garten brauchen zwei Gärtner 3 Stunden. Wie viele Stunden brauchen drei Gärtner?		
b) Der Futtervorrat auf dem Reiterhof reicht für 12 Pferde 10 Tage lang. Wie lange reicht der Vorrat, wenn 8 Pferde zu füttern sind?		
c) Für eine 15 m^2 große Terrasse kosten die Fliesen 300 €. Wie viel Euro kosten die Fliesen für eine Terrasse von 12 m^2 Größe?		

4. Ist die Zuordnung proportional oder antiproportional? Trage ein, dann ergänze die Tabelle.

a)

Arbeitszeit	
Arbeiter	h
5	2
1	
2	

b)

Miete	
Monate	€
3	2400
1	
8	

c)

Eis	
Kugeln	€
4	3,20
1	
3	

d)

Transport	
Lkw	Fahrten
6	4
1	
8	

5. Wie viele Pumpen müssen eingesetzt werden, um das Wasser in 6 Stunden abzupumpen?

Pumpen	h

A:

1. Die gedachte Zahl im Zahlenrätsel findest du mit Hilfe einer Gleichung.

x

3 x

3 x + ___

3 x + ___ = ___

Gleichung: 3x + ___ = ___ | − ___

Die gedachte Zahl ist ___________

2. Löse das Zahlenrätsel mit Hilfe einer Gleichung.

a) Zum 12-Fachen einer Zahl wird 6 addiert. Das Ergebnis ist 42.

b) Vom 8-Fachen einer Zahl wird 60 subtrahiert. Das Ergebnis ist 4.

3. Löse die Gleichung. Mache die Probe.

a) $2x + 13 = 57$

Probe:

$2 \cdot \_\_\_ + 13 = 57$

$\_\_\_ = \_\_\_$

b) $7y - 11 = 66$

Probe:

4. Fasse zusammen, dann löse die Gleichung.

a) $8x + 23 - 3x - 9 = 39$

a) $34 - 4x + 6 + 8x = 64$

5. Hier steht x auf beiden Seiten der Gleichung. Löse die Gleichung durch Umformen.

a) $8x + 15 = 3x + 30$

b) $2x - 14 = 42 - 6x$

1. Welcher Bruchteil ist gefärbt? Färbe im Hunderterfeld denselben Bruchteil.

a) 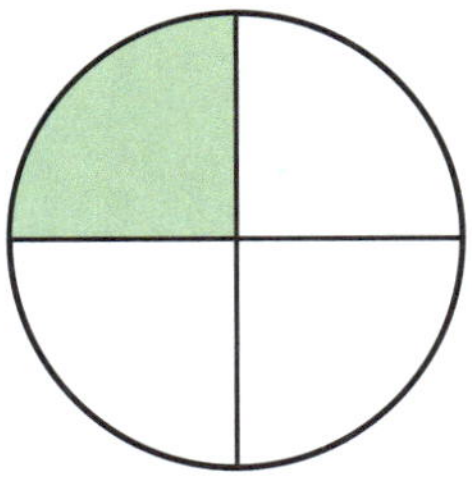

$\frac{}{} = \frac{}{100} =$ ______ %

b) 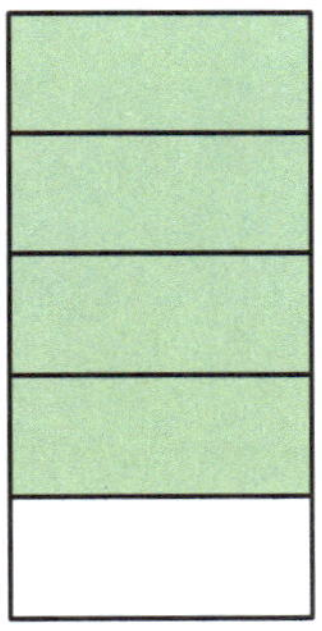

$\frac{}{} = \frac{}{100} =$ ______ %

c) 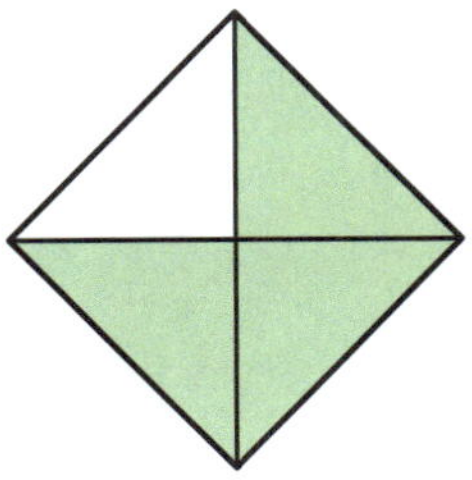

$\frac{}{} = \frac{}{100} =$ ______ %

d) 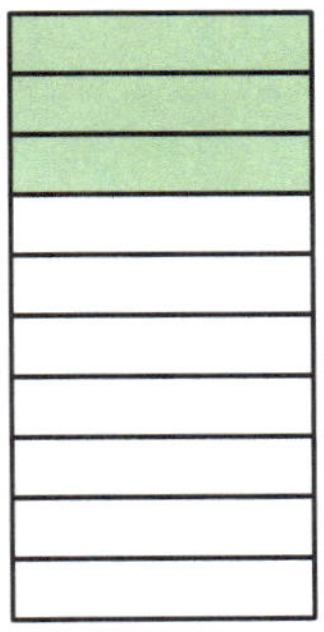

$\frac{}{} = \frac{}{100} =$ ______ %

2. Rechne im Kopf. a) 1 % von 800 m = ______ m b) 10 % von 7000 m = ______ m

3. Berechne den Prozentwert.

a) **6 % von 410 €**

%	€
100	410
1	
6	

______ €

b) **40 % von 2300 Autos**

%	Autos

______ Autos

c) **12 % von 300 Kindern**

%	Kinder

______ Kinder

4. Berechne den ermäßigten Preis.

Alter Preis:
28 900 €
15 % Rabatt

%	€

Rabatt: ______ €

Emäßigter Preis: ______ €

1. a) 134 cm = ______ m
28 cm = ______ m
2,04 m = ______ cm
4,5 m = ______ cm

b) 15 cm = ______ mm
2,3 cm = ______ mm
45 mm = ______ cm
1 203 mm = ______ cm

c) 1 503 m = ______ km
234 m = ______ km
8,5 km = ______ m
4,02 km = ______ m

2. Immer zwei Leisten sind zusammen 2 m lang. Färbe sie mit der gleichen Farbe.

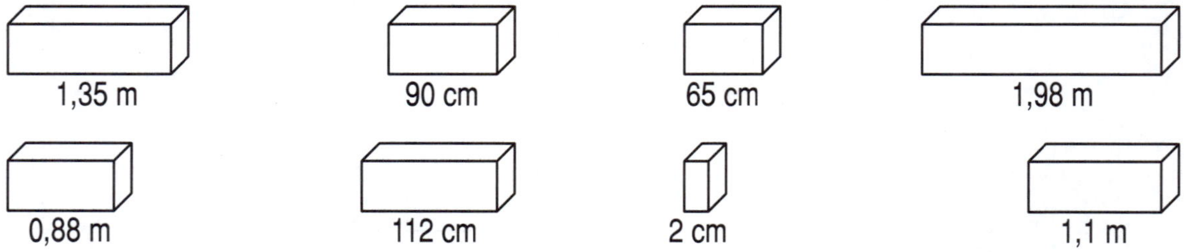

3. Vervollständige die Tabelle.

a)

1 kg 450 g		
1,450 kg		0,235 kg
	4 052 g	

b)

1 t 750 kg		
	0,875 t	
		1 650 kg

4. a) 400 g + ______ g = 1 kg
60 g + ______ g = 1 kg
0,8 kg + ______ g = 1 kg
0,25 kg + ______ g = 1 kg

b) 890 kg + ______ kg = 1 t
700 kg + ______ kg = 1 t
0,875 t + ______ kg = 1 t
0,75 t + ______ kg = 1 t

5. a) 1,500 kg + 500 g = ______ kg
3,600 kg + 150 g = ______ kg
4,700 kg + 550 g = ______ kg

b) 2,500 kg – 200 g = ______ kg
1,680 kg – 350 g = ______ kg
5,150 kg – 300 g = ______ kg

6. a) 3 Tage = ______ h
5 Tage = ______ h

b) 5 h = ______ min
3 h = ______ min

c) 10 min = ______ s
8 min = ______ s

7. Ergänze die fehlenden Angaben.

Abfahrt	7:10 Uhr	17:45 Uhr	10:30 Uhr	18:55 Uhr	15:47 Uhr	
Fahrzeit	35 min	40 min	1h 10 min			1 h 35 min
Ankunft				22 Uhr	19:59 Uhr	15:45 Uhr

8. a) 5 ℓ = ______ cm^3
0,3 ℓ = ______ cm^3
1 500 ℓ = ______ m^3

b) 2800 cm^3 = ______ ℓ
550 cm^3 = ______ ℓ
930 cm^3 = ______ ℓ

c) 4 m^3 = ______ ℓ
0,7 m^3 = ______ ℓ
0,15 m^3 = ______ ℓ

1. Ordne jeder Figur die richtige Formel für den Flächeninhalt und den Umfang zu.

$A = g \cdot h$	Rechteck	$u = 4 \cdot a$
$A = a \cdot b$	Quadrat	$u = a + b + c$
$A = \frac{g \cdot h}{2}$	Parallelogramm	$u = 2 \cdot a + 2 \cdot b$
$A = a \cdot a$	Dreieck	$u = 2 \cdot a + 2 \cdot b$

2. Die Seiten eines Quadrats sind 8 cm lang. Wie groß ist der Flächeninhalt des Quadrats? Wie groß ist sein Umfang?

A: ______

3. Ergänze die fehlenden Maße. Berechne den Flächeninhalt und den Umfang.

A = ______ u = ______

4. Zeichne die Höhe ein. Miss Grundseite und Höhe. Berechne den Flächeninhalt der Figur.

a) g = ___ cm, h = ___ cm

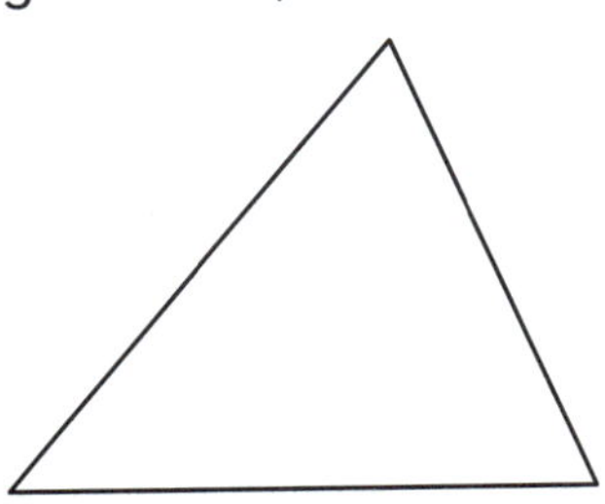

b) g = ___ cm, h = ___ cm

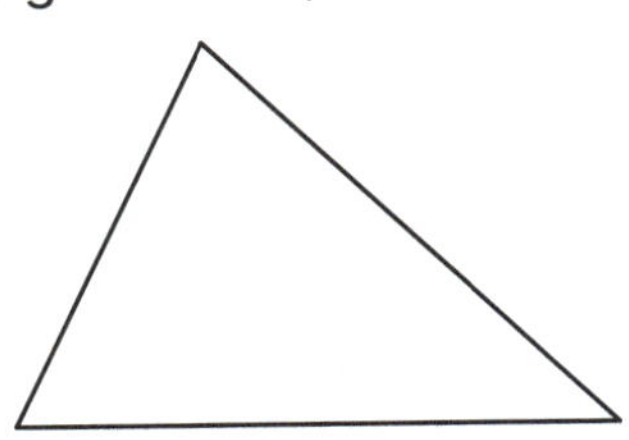

c) g = ___ cm, h = ___ cm

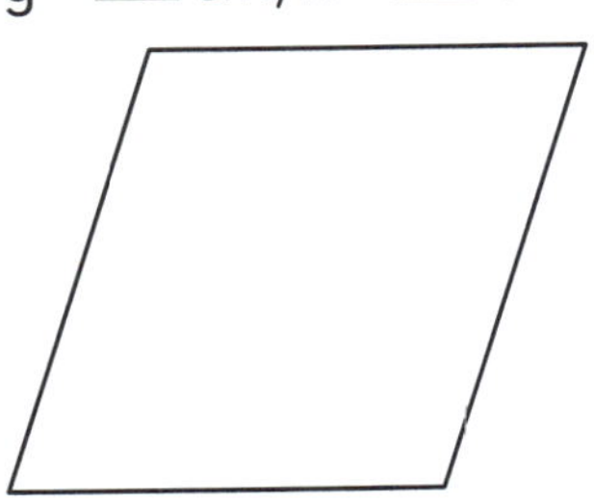

A = ______ A = ______ A = ______

A = ______ A = ______ A = ______

A = ______ A = ______ A = ______

1. Für alle Prismen gilt die Formel $V = G \cdot h_K$ (Volumen = Grundfläche · Körperhöhe).
Berechne das Volumen des Prismas.

a)

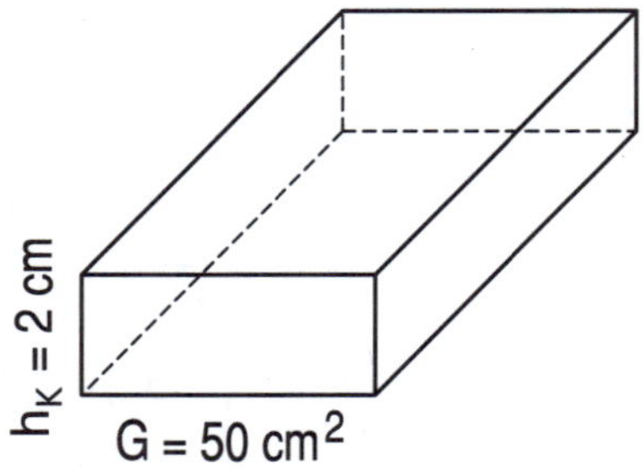

$V = G \cdot h_K$

$V =$ ____ cm² · ____ cm

$V =$ ____ cm³

b)

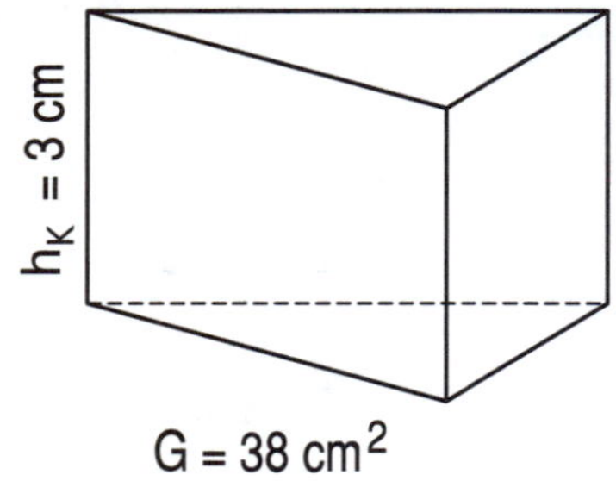

$V = G \cdot h_K$

$V =$ ____ cm² · ____ cm

$V =$ ____ cm³

c)

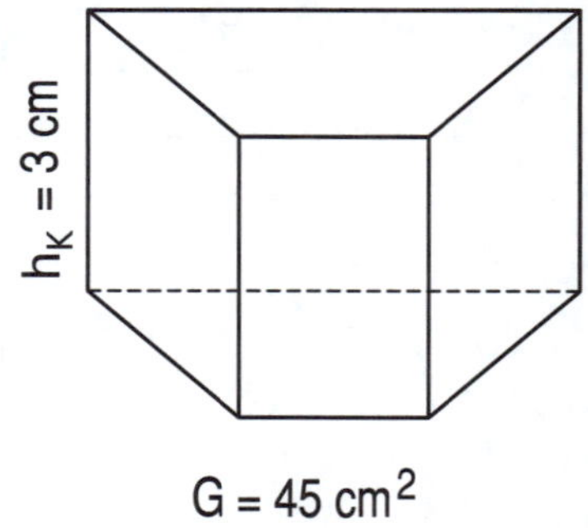

$V = G \cdot h_K$

$V =$ ____ cm² · ____ cm

$V =$ ____ cm³

2. Berechne das Volumen und die Oberfläche des Quaders.

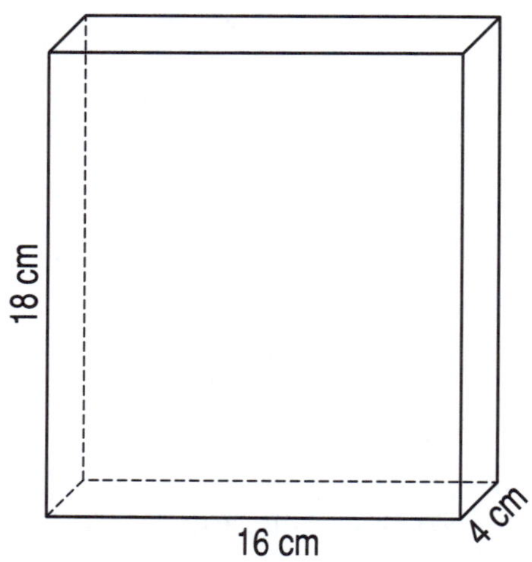

V = ______________________

V = ______________________

V = ______________________

O = ______________________

O = ______________________

O = ______________________

3. Berechne das Volumen der Packung.

a)

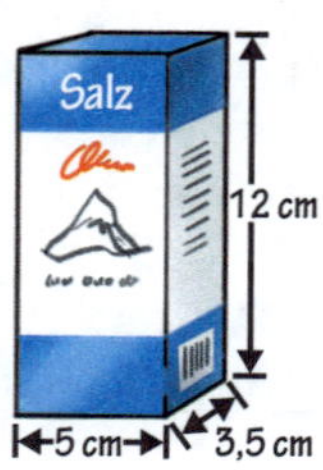

V = ______________________

b)

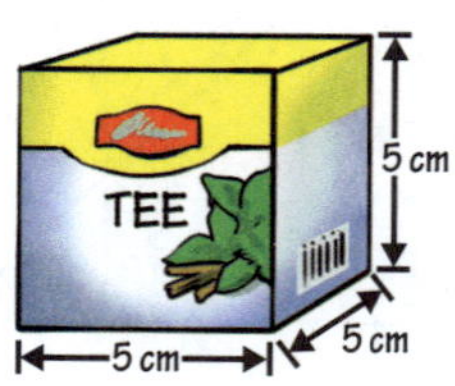

V = ______________________

c)

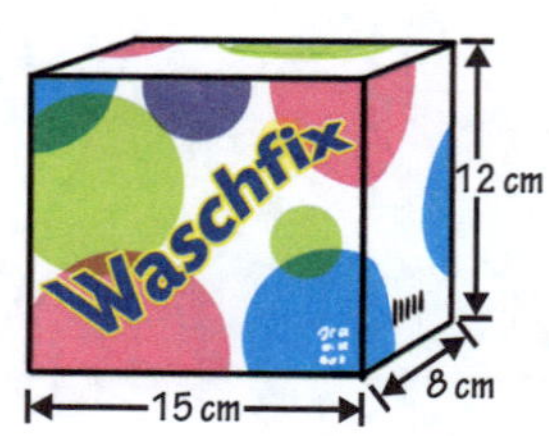

V = ______________________

2 Funktionen

1. Die Klasse 9b verkauft auf dem Schulfest Fruchtsaft nach eigenem Rezept.
Lies die Werte aus dem Schaubild ab und vervollständige die Tabelle.

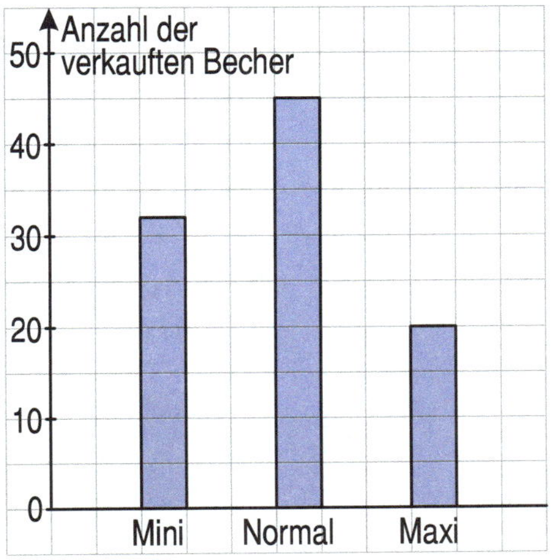

Größe	Mini	Normal	Maxi
Anzahl der Becher	32		
Einnahme in €	16		

2. Schreibe das Rezept um.

1 Liter Multi-Fruchtsaft
500 ml Apfelsaft
300 ml Birnensaft
200 ml Kirschsaft

a) **2 Liter Multi-Fruchtsaft**

Apfelsaft	______ ml
Birnensaft	______ ml
Kirschsaft	______ ml

b) **4 Liter Multi-Fruchtsaft**

Apfelsaft	______ ml
Birnensaft	______ ml
Kirschsaft	______ ml

3. Für das Schulfest werden Werbezettel verteilt. Dafür können mehrere Personen eingesetzt werden.
Vervollständige die Tabelle. Wurden die Punkte im Schaubild richtig eingetragen? Prüfe.

Personen	Werbezettel
1	600
2	
3	200
4	
	120
6	

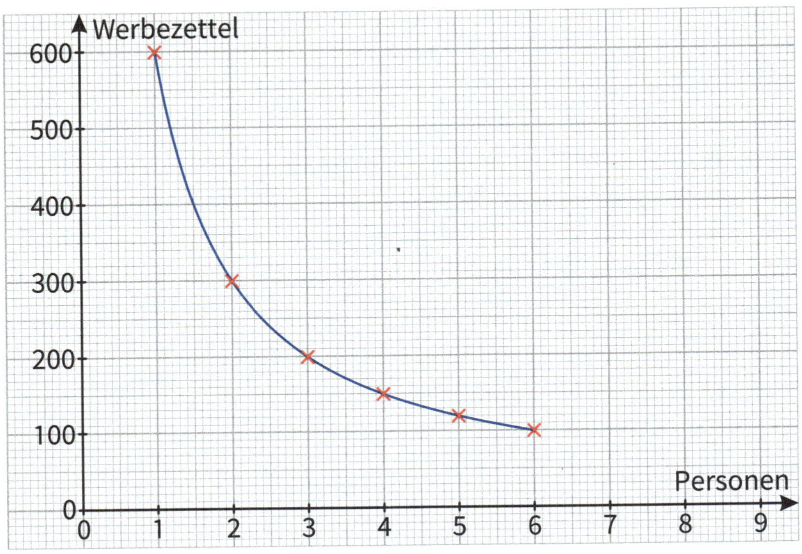

1. Fünf Äpfel kosten zusammen 2 €. Herr Kreutz kauft 10 Äpfel.

F: ______________________________

A: ______________________________

2. Berechne den fehlenden Preis.

a)

Kirschen	
kg	€
2	6,00
8	

b)

Birnen	
Anzahl	€
3	1,20
9	

c)

Tomaten	
Anzahl	€
6	1,50
2	

d)

Kiwi	
Anzahl	€
8	2,80
2	

3. Vier Gurken kosten 3,20 €.
Wie teuer sind 3 Gurken?

Anzahl	€
4	3,20
1	
3	

A: ______________________________

4. Wie viel Euro bezahlen die Kunden?

a) 2 Riesen-Kürbisse 9 €

Anzahl	€
2	9
1	
3	

b) 5 kg Kartoffeln 20 €

kg	€

c) 2 kg Zwiebeln 5 €

kg	€

5. Vervollständige die Tabelle.

a) Preis für 10 Paprika: 3,90 €

Preis für 4 Paprika: __________ €

Anzahl	€
10	
1	
4	

b) Preis für 2 Tomaten: 0,70 €

Preis für 5 Tomaten: __________ €

Anzahl	€

1. Am Montag haben 6 Lkw Baustoffe transportiert. Jeder Lkw musste zweimal fahren. Am Dienstag stehen für den gleichen Transport nur 2 Lkw bereit.
F: Wie oft muss jeder Lkw fahren?

A: ______

Lkw	Fahrten

: ___ · ___

2. Wie viele Fahrten sind nötig?

a)

Holz	
Lkw	Fahrten
3	2
1	

b)

Steine	
Lkw	Fahrten
4	3
2	

c)

Kies	
Lkw	Fahrten
3	6
9	

3. Wie oft muss jeder Lkw fahren?

Lkw	Fahrten
3	4
1	
2	

A: ______

4. Wie viele Fahrten sind notwendig?

a) Bei 2 Lkw 6 Fahrten

Lkw	Fahrten

b) Bei 5 Lkw 12 Fahrten

Lkw	Fahrten

c) Bei 4 Lkw 9 Fahrten

Lkw	Fahrten

5. Wie viele Fahrten sind nötig? Löse mit einer Tabelle.

a) 4 Lkw: 15 Fahrten
6 Lkw: ___ Fahrten

b) 5 Lkw: 12 Fahrten
3 Lkw: ___ Fahrten

1. Ist die Zuordnung proportional oder antiproportional?
Trage ein, dann ergänze die fehlenden Werte in der Tabelle.

a)

Kosten	
Fahrten	€
3	9,60
1	
2	

b)

Arbeitszeit	
Handwerker	h
3	8
1	
4	

c)

Benzinverbrauch	
km	ℓ
200	12
100	
500	

2. Ein cm³ Silber wiegt 10,5 g. Ein cm³ Gold wiegt 19,3 g. Welches Armband ist schwerer?

A:

3. Wie viele Bagger braucht man, um die Arbeit nach 6 Stunden zu beenden?

Bagger	h

A:

4. Frau Kohnen fährt in 3 Stunden insgesamt 210 Kilometer.
F: Wie viel Kilometer fährt sie pro Stunde?

A:

5. Für die Vorbereitung des Schulfests wird an 5 Tagen je 6 Stunden lang gearbeitet.
Für das Aufbauen und Bestücken der Stände braucht eine Person 30 Stunden.
a) Vervollständige die Tabellen.
b) Eine der Tabellen gehört zu einer proportionalen Zuordnung.
Erstelle dazu das Schaubild.

Tage	**h**
1	6
2	12
3	
4	
5	

Personen	**h**
1	30
2	15
3	
4	
5	

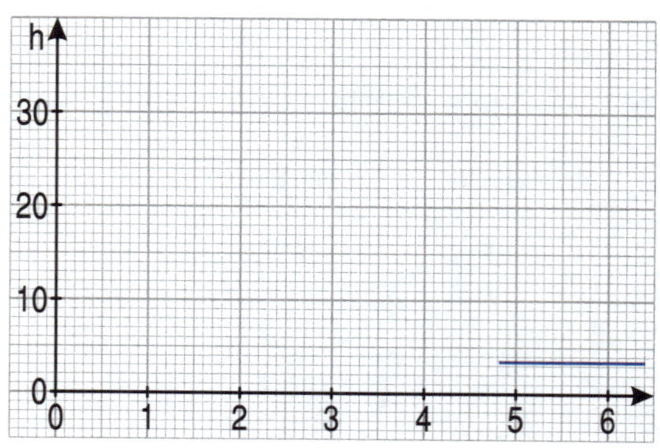

1. Welcher Text passt zum Schaubild? Ordne zu.

(1) Die Temperatur steigt zuerst, dann sinkt sie.

(2) Je mehr Maschinen, desto weniger Zeit.

(3) Je mehr Material, desto höher die Kosten.

(A)

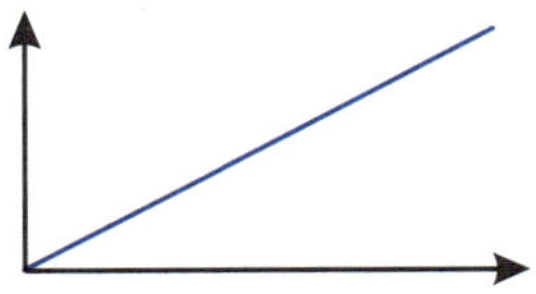

(B)

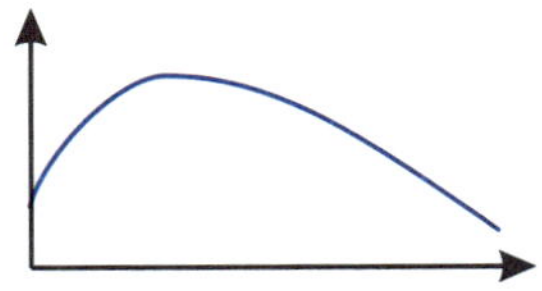

(C)

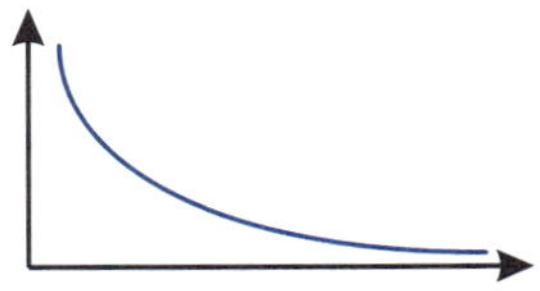

Text 1 passt zu ____________, Text 2 passt zu ____________, Text 3 passt zu ____________.

2. Die Kerzen brennen gleichmäßig ab. In den Schaubildern ist die Zuordnung Zeit → Kerzenhöhe dargestellt. Schreibe unter jedes Schaubild die Nummer der zugehörigen Kerze.

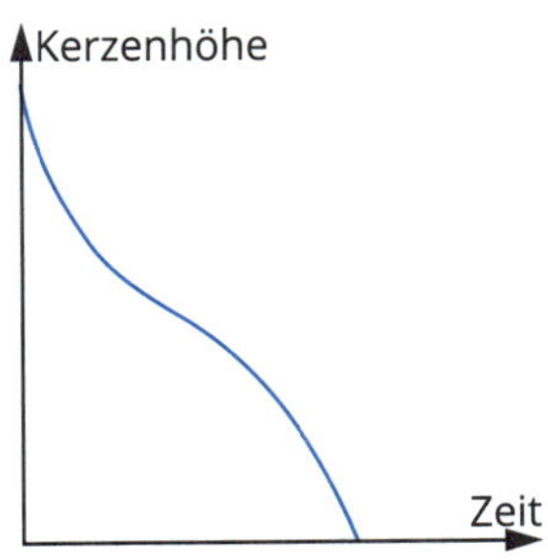

Kerze ____________

Kerze ____________

Kerze ____________

Kerze ____________

3. Wasser läuft gleichmäßig in die Gläser. Der Füllvorgang wird jeweils durch ein Schaubild beschrieben. Schreibe unter jedes Schaubild die Nummer des zugehörigen Glases.

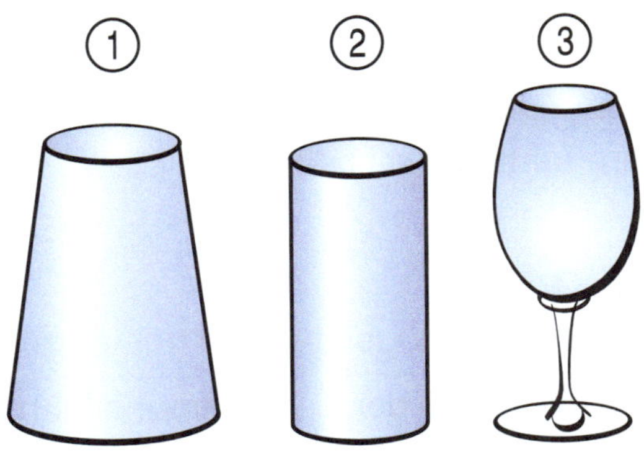

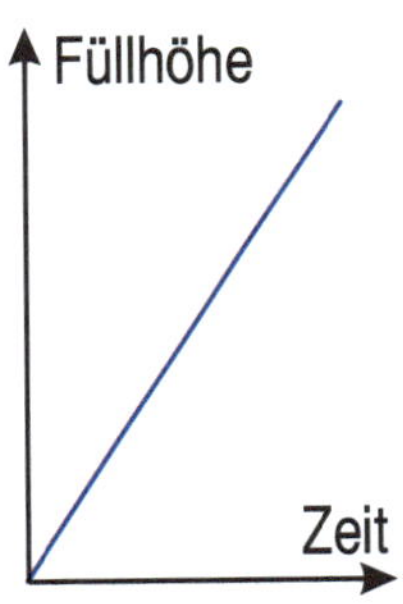

Glas ____________

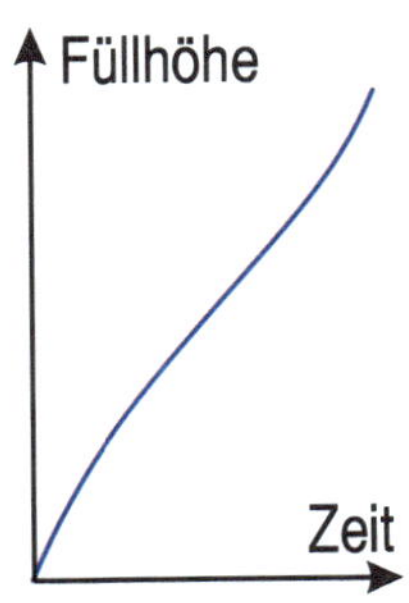

Glas ____________

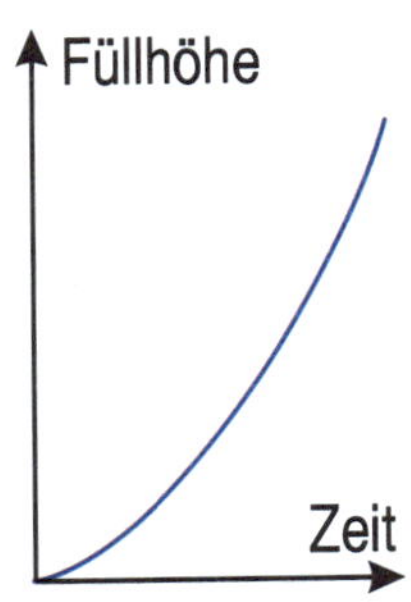

Glas ____________

4. Lies Wassermenge und Wasserstand im Schaubild ab und übertrage sie in die Tabelle.

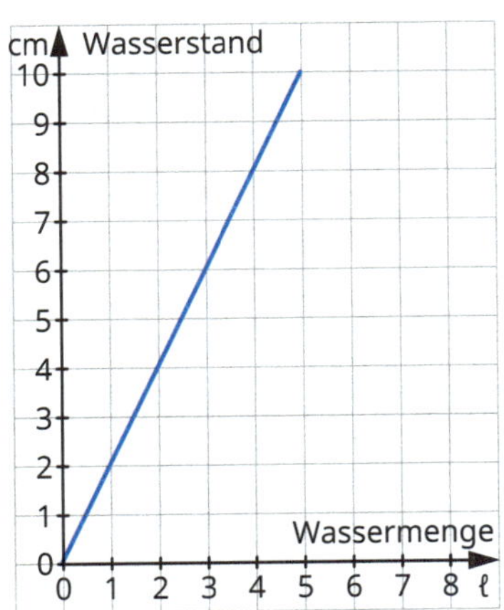

Wassermenge	Wasserstand
1	2
2	4
3	

1. Laura hat mit ihrer Tante einen Motorradausflug an die Nordseeküste gemacht.
a) Vervollständige das Schaubild zur Weg-Zeit-Tabelle.

	Uhrzeit	Weglänge
Abfahrt	12:00 Uhr	0 km
Motorradpanne	13:00 Uhr	50 km
Weiterfahrt	14:00 Uhr	50 km
Pause	16:30 Uhr	175 km
Weiterfahrt	17:30 Uhr	175 km
Ankunft am Meer	19:00 Uhr	300 km

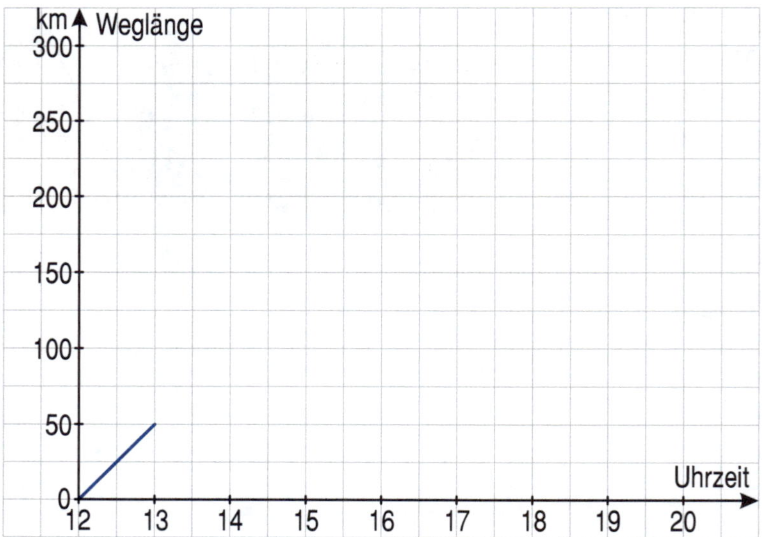

b) Lies in deinem Schaubild die Uhrzeiten zu den Weglängen ab. Trage ein.

Uhrzeit	Weglänge
	25 km
	75 km

Uhrzeit	Weglänge
	100 km
	150 km

c) Auf welcher der drei Etappen fuhren Laura und ihre Tante am schnellsten?

A: ______________________________

2. Jugendliche fahren verschiedene Fahrradtouren. Ordne den Schaubildern die Namen zu.

Johannes fährt nach der Pause schneller als vor der Pause.	Fatime fährt zuerst schnell, dann langsamer, dann wieder schneller.	Timo fährt nach der Pause mit gleicher Geschwindigkeit wie vor der Pause.	Annemarie fährt nach der Pause langsamer als vor der Pause.

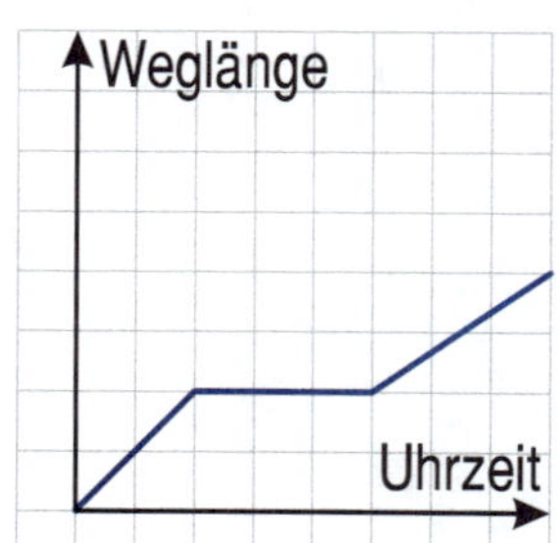

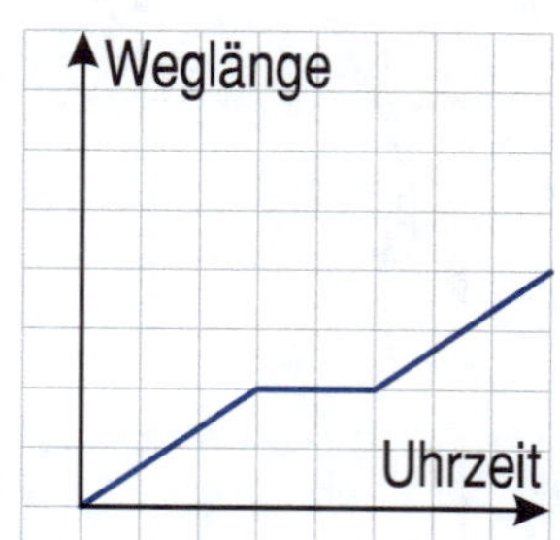

______________ ______________ ______________ ______________

1. Ein Wasserbecken enthält 200 m³ Wasser. In jeder Stunde wird gleich viel Wasser hinzugefüllt. Vervollständige die Tabelle und das Schaubild.

Wassermenge	
h	m³
0	200
1	250
2	300
3	
4	
5	
6	
7	
8	

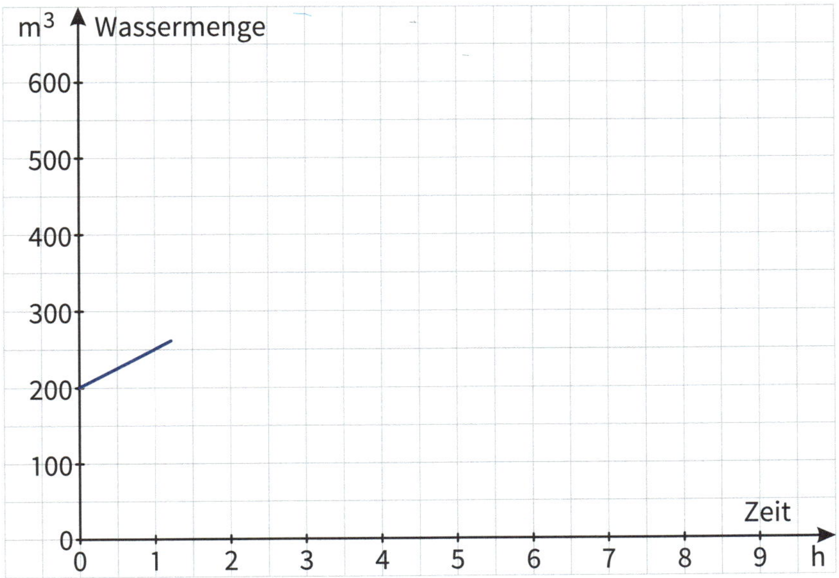

2. Ein Wasserbecken enthält 300 m³ Wasser. Zum Leeren des Beckens wird in jeder Stunde gleich viel Wasser abgepumpt. Vervollständige die Tabelle und das Schaubild.

Wassermenge	
h	m³
0	300
1	275
2	
3	
4	200
5	
6	

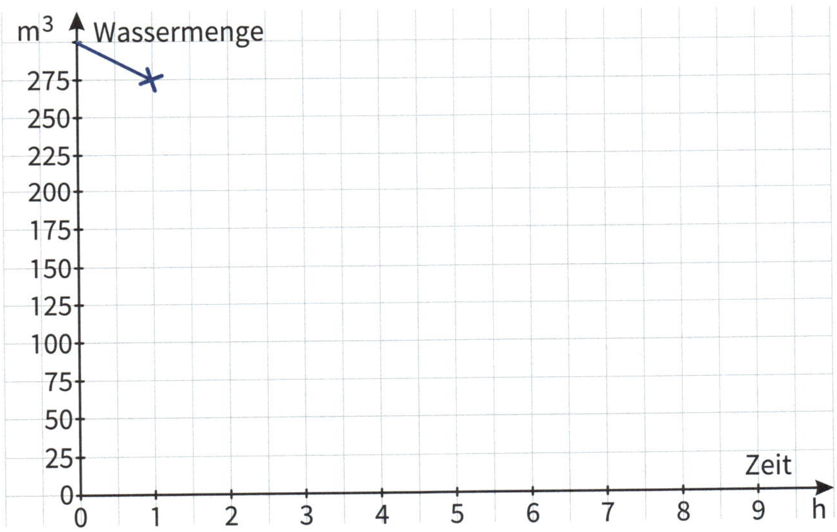

3. Wasser wird gleichmäßig abgepumpt. Vervollständige die Tabelle.

a)

Wassermenge	
min	ℓ
0	400
1	350
2	
3	

b)

Wassermenge	
min	ℓ
0	500
1	480
2	
10	

c)

Wassermenge	
min	ℓ
0	200
1	190
2	
4	

4. In ein mit 30 ℓ Wasser gefülltes Aquarium werden pro Minute 5 ℓ Wasser hinzugefüllt. Wie viel Liter Wasser sind nach 10 Minuten im Aquarium?

A: ____________________

1. Vervollständige die Tabelle.

a) Preis für 5 Rosen: 3,00 €

Preis für 4 Rosen: ______ €

Anzahl	€
5	
1	
4	

b) Preis für 3 Tulpen: 1,20 €

Preis für 4 Tulpen: ______ €

Anzahl	€

2. In 2 Stunden fährt Frau Mull mit dem Auto 170 Kilometer weit.
F: Wie viel Kilometer fährt sie pro Stunde?

A: ______________________________

h	km

3. Wie viele Fahrten sind nötig? Löse mit einer Tabelle.

a) 3 Lkw: 8 Fahrten
2 Lkw: ___ Fahrten

b) 4 Lkw: 6 Fahrten
6 Lkw: ___ Fahrten

c) 7 Lkw: 10 Fahrten
5 Lkw: ___ Fahrten

4. Ein Taxiunternehmer erhebt eine Anfahrtsgebühr von 4,00 €. Für jeden gefahrenen Kilometer berechnet er 1,40 €.
Vervollständige die Tabelle und das zugehörige Schaubild.

Preis	
km	€
0	4,00
1	
2	
3	8,20
4	9,60
5	11,00
6	
7	
8	
9	

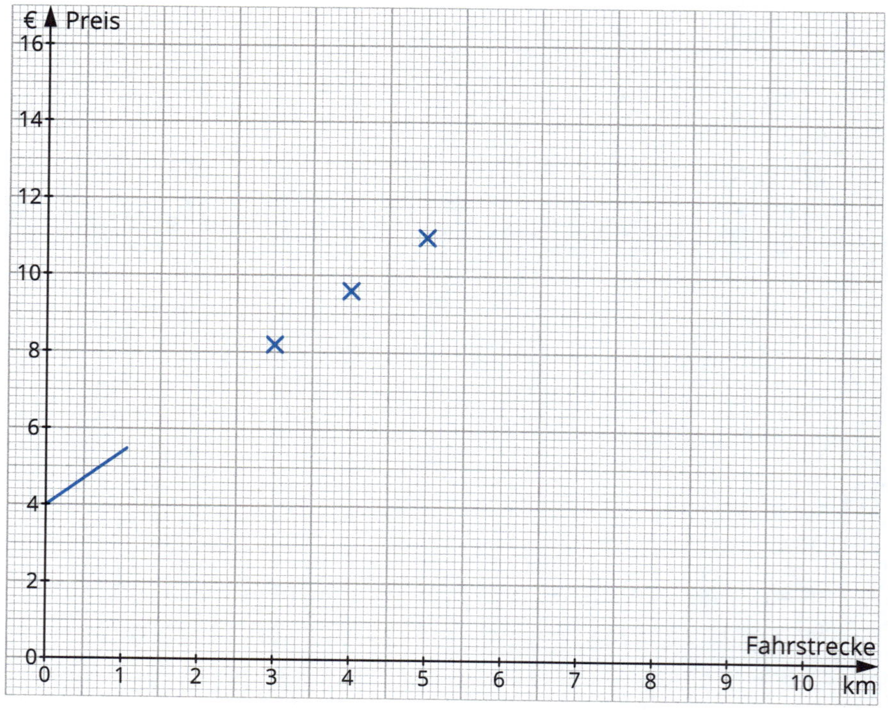

Ähnlichkeit

1 : 1

1 : 2

2 : 1

> Maßstab = Länge im Bild : Länge in der Wirklichkeit
> 1 : 10 1 cm im Bild entspricht 10 cm in der Wirklichkeit.
> 10 : 1 10 cm im Bild entsprechen 1 cm in der Wirklichkeit.

1. Ordne die Maßstäbe 1 : 50000, 1 : 100, 50 : 1, 1 : 1 den Zeichnungen zu.

A

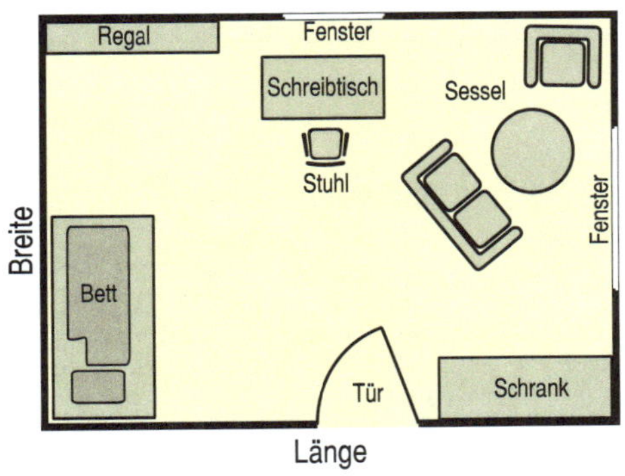

Maßstab ____________________

B

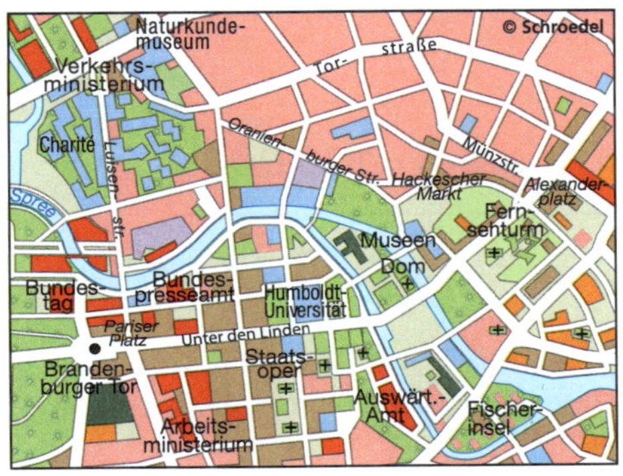

Maßstab ____________________

C

Maßstab ____________________

D

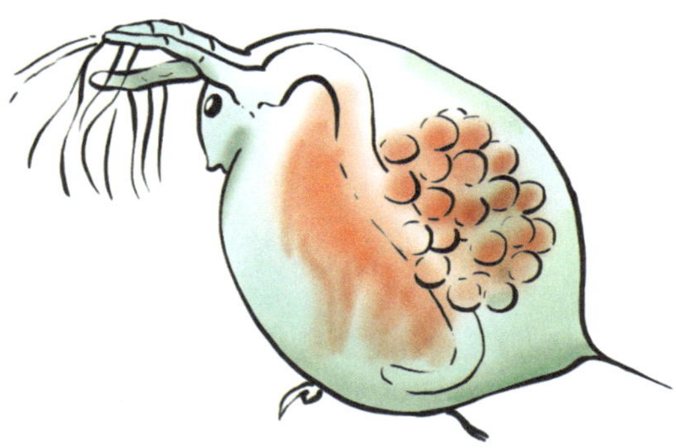

Maßstab ____________________

2. Bestimme die fehlenden Maße.

a)

1 : 5	
Zeichnung	Wirklichkeit
1 cm	5 cm
3 cm	
4,5 cm	

b)

1 : 20	
Zeichnung	Wirklichkeit
1 cm	
6 cm	
2,5 cm	

c)

4 : 1	
Zeichnung	Wirklichkeit
4 cm	
12 cm	
10 cm	

1. Miss die Längen im Bild und berechne die Größe der Tiere in der Wirklichkeit.

a) Maßstab 1 : 5

Zeichnung	Wirklichkeit

b) Maßstab 1 : 50

Zeichnung	Wirklichkeit

c) Maßstab 10 : 1

Zeichnung	Wirklichkeit

2. Trage die fehlenden Werte ein.

Maßstab	1 : 5	1 : 10	1 : 100	100 : 1	10 : 1	5 : 1
Länge in der Zeichnung		3 cm			40 cm	25 cm
Länge in der Wirklichkeit	10 cm		250 cm	2 mm		

3.

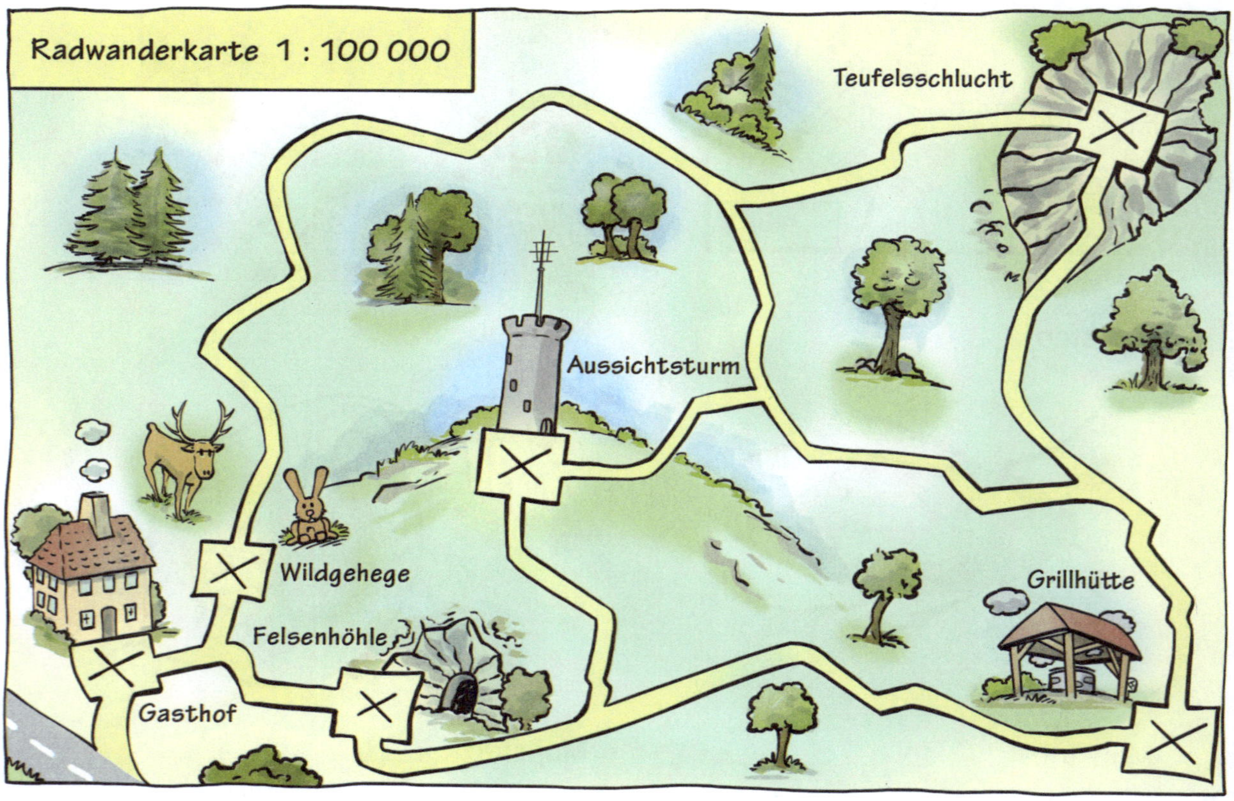

Bestimme die Luftlinienentfernung.		Karte	Wirklichkeit
a)	Gasthof – Wildgehege	2 cm	200000 cm = 2 km
b)	Gasthof – Aussichtsturm		
c)	Gasthof – Felsenhöhle		
d)	Gasthof – Grillhütte		
e)	Gasthof – Teufelsschlucht		

1. Eine Fliege ist 8 mm lang. Sie wird unter einer Lupe betrachtet.
F: Wie lang erscheint die Fliege unter einer Lupe, die 2-fach vergrößert?

A: ____

2. Ein Rechteck mit den Seitenlängen a = 3 cm und b = 2 cm wird 3-fach vergrößert gezeichnet.
F: Wie lang werden die Seiten a und b bei 3-facher Vergrößerung gezeichnet?

A: ____

3. Zeichne die Figur 2-fach vergrößert.

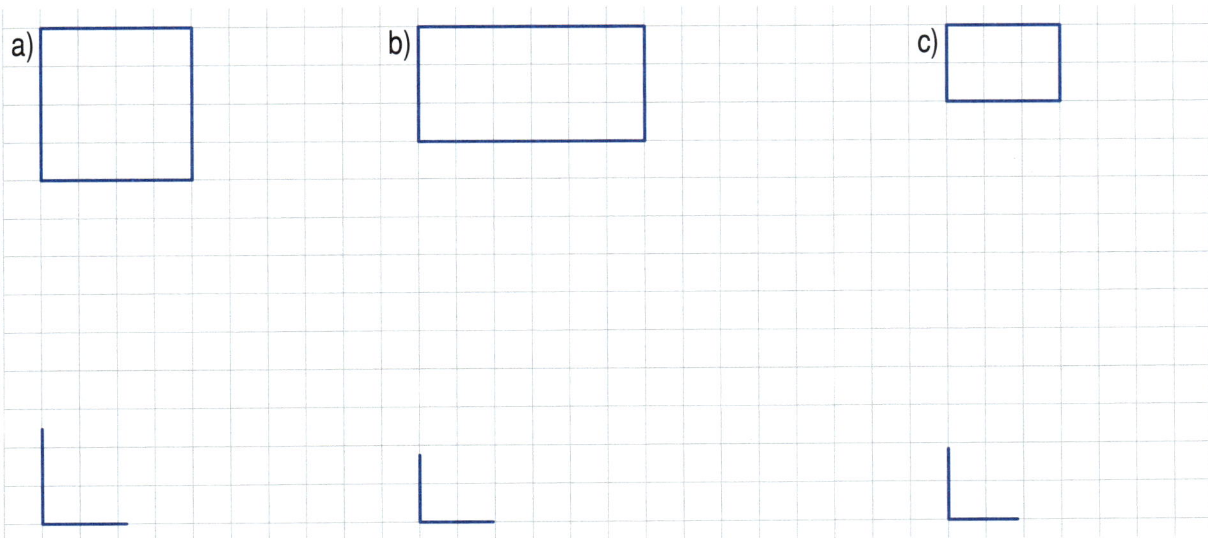

4. Berechne die fehlenden Werte.

Größe im Original	9 mm			5 mm	3 mm
Vergrößerung	10-fach	30-fach	20-fach	200-fach	500-fach
Maßstab	10 : 1				
Größe in der Abbildung		360 mm	40 mm		

5. Zeichne die Figur 2-fach vergrößert.

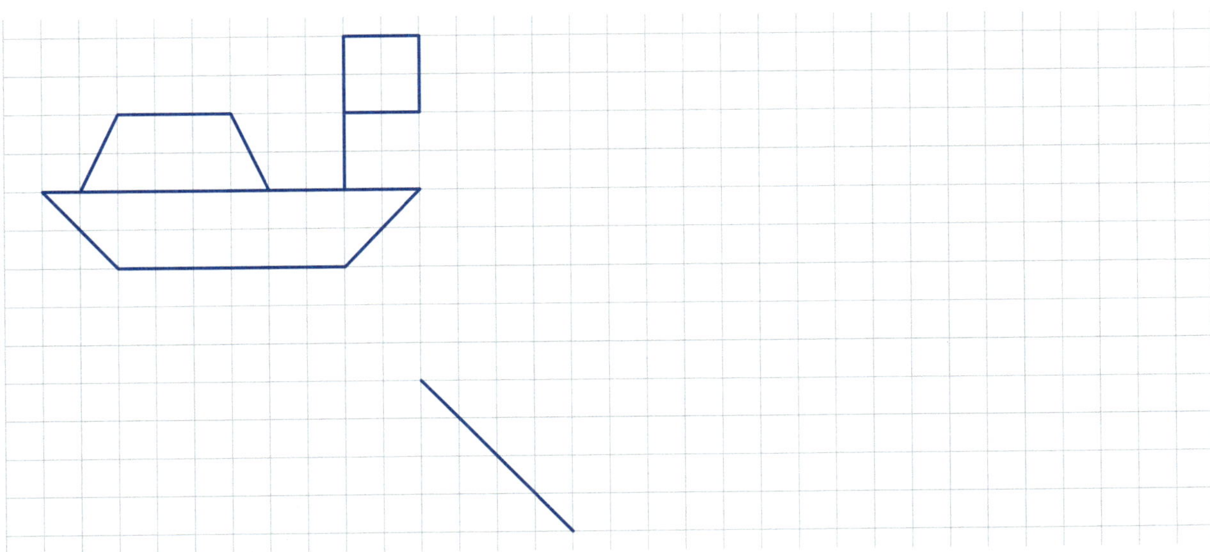

1. Ein Kreuzfahrtschiff ist 200 m lang. Ein verkleinertes Modell des Schiffes wird angefertigt.
F: Wie lang wird ein 100-fach verkleinertes Modell des Schiffes?

A: ______________________________

2. Ein Quadrat hat die Seitenlänge a = 8 cm. Es wird 4-fach verkleinert gezeichnet.
F: Wie lang wird die Seite a bei 4-facher Verkleinerung gezeichnet?

A: ______________________________

3. Zeichne die Figur 2-fach verkleinert.

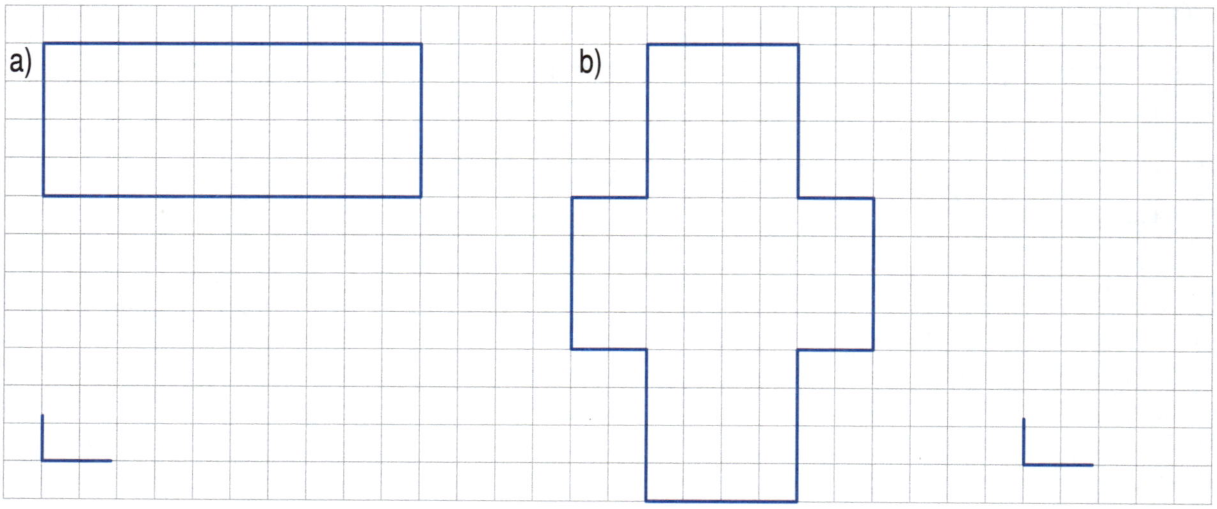

4. Berechne die fehlenden Werte.

Größe im Original	40 cm	100 cm		1 300 cm	
Verkleinerung	5-fach	20-fach	30-fach	100-fach	200-fach
Maßstab			1 : 30		
Größe in der Abbildung			5 cm		8 cm

5. Zeichne die Figur 2-fach verkleinert.

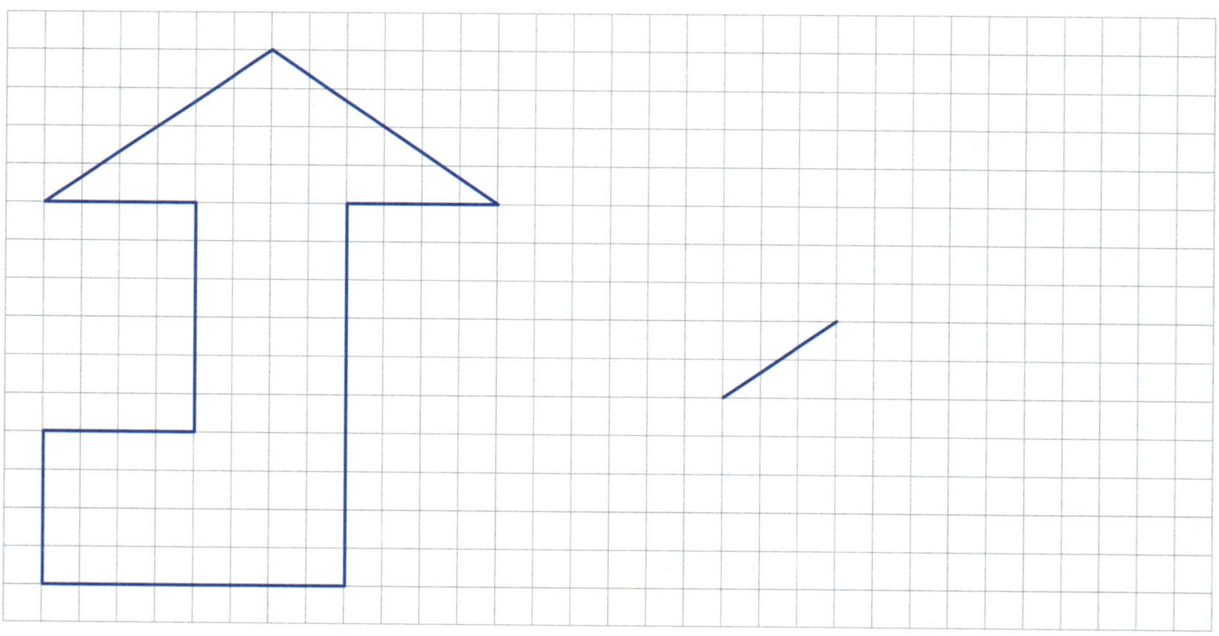

1. Kann das stimmen? Kreuze an.

		ja	nein
a)	Rosa fertigt eine Skizze vom Grundriss ihres Zimmers an. Sie zeichnet im Maßstab 1 : 100.		
b)	Herr Narr lässt sich ein 10-fach verkleinertes Modell seines Autos anfertigen. Dieses Modell transportiert er dann im Kofferraum seines Autos.		
c)	Ein Quadrat hat eine Seitenlänge von 5 cm. Frank zeichnet das Quadrat 8-fach vergrößert ins Heft.		
d)	Laura zeichnet ein Rechteck in ihr Heft. Kemal zeichnet Lauras Rechteck im Maßstab 10 : 1 an die Tafel.		
e)	Frau Wester erstellt einen Plan ihres Gartens. Sie wählt dazu den Maßstab 1 : 1.		

2. Auf der Deutschlandkarte sind die Städte Frankfurt und Wiesbaden 1 cm voneinander entfernt.

a) Bestimme die Entfernung der beiden Städte in Wirklichkeit.

Maßstab 1 : 3000000	
Karte	Wirklichkeit
1 cm	3000000 cm
1 cm	30000 m
1 cm	km

b) Miss auf der Karte und berechne die Entfernung zwischen den Städten Mainz und Kaiserslautern.

_____ cm auf der Karte sind

in Wirklichkeit __________ cm.

Das sind _____ km.

3. Vervollständige die Tabelle.

a)

1 : 100000	
Karte	Wirklichkeit
1 cm	1 km
4 cm	
1,2 cm	
	7,5 km

b)

1 : 200000	
Karte	Wirklichkeit
1 cm	2 km
3 cm	
	10 km
4,1 cm	

c)

1 : 50000	
Karte	Wirklichkeit
1 cm	
2 cm	1 km
4 cm	
	3,5 km

4. Ein Spielplatz ist 80 m lang und 60 m breit.
In welchem Maßstab sollte ein Plan dieses Spielplatzes gezeichnet werden? Kreuze an.

☐ 1 : 100 ☐ 1 : 1000 ☐ 1 : 10000

1. Miss die Länge und die Höhe in der Zeichnung. Berechne die Größen in der Wirklichkeit.

a) Maßstab 1 : 100

Zeichnung	Wirklichkeit

b) Maßstab 1 : 200

Zeichnung	Wirklichkeit

c) Maßstab 1 : 2000

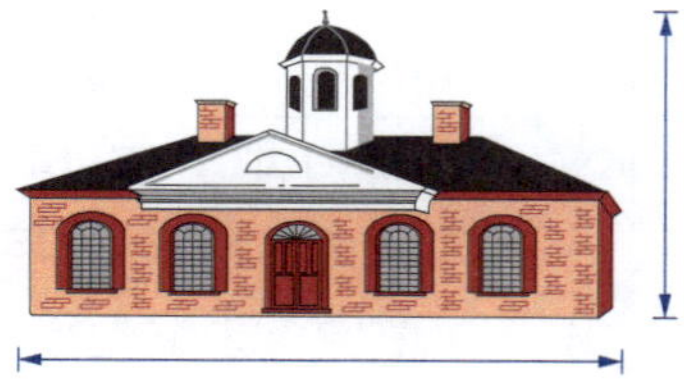

Zeichnung	Wirklichkeit

2. Berechne die fehlenden Werte.

Größe im Original	20 cm		200 cm	500 cm	40 cm
Verkleinerung	2-fach	20-fach		100-fach	
Maßstab		1 : 20	1 : 10		
Größe in der Abbildung		5 cm			8 cm

3. Zeichne die Figur 2-fach vergrößert.

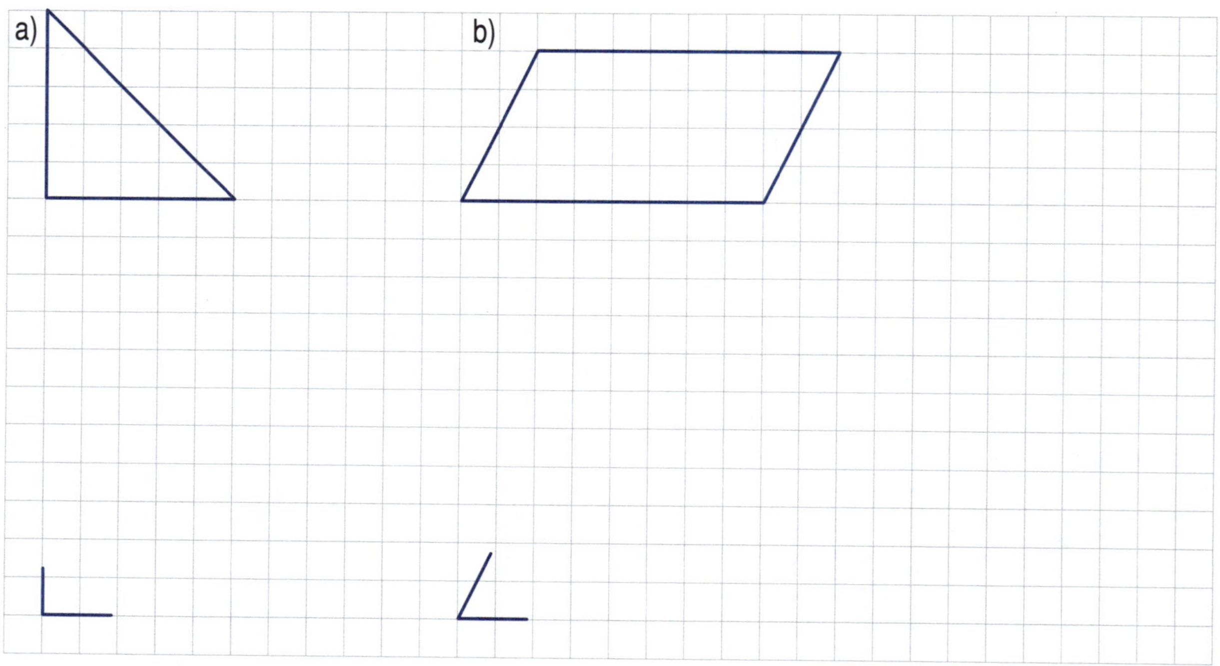

4. In einem Buch sind Tiere vergrößert oder verkleinert abgebildet. Trage ein, wie groß die Tiere in der Wirklichkeit sind.

	Maikäfer	Floh	Amsel	Maus	Reh
Maßstab	6 : 1	10 : 1	1 : 5	1 : 3	1 : 15
Bild	12 cm	4 cm	5 cm	3 cm	5 cm
Wirklichkeit					

Potenzen und Wurzeln 4

1. Jan möchte sein Taschengeld aufbessern. Er hilft seinen Eltern bei der Gartenarbeit. Für die Bezahlung macht er einen merkwürdigen Vorschlag: Am 1. Tag möchte er 2 Cent Lohn bekommen, danach an jedem weiteren Tag doppelt so viel wie am Vortag.

	1. Tag	2. Tag	3. Tag	4. Tag	5. Tag
Lohn in Cent	2	$2 \cdot 2 =$	$2 \cdot 2 \cdot 2 =$		

a) Vervollständige die Tabelle.
b) Wie viel Cent bekommt Jan am 7. Tag? Vervollständige Rechnung und Kurzform.

$2 \cdot 2 \cdot 2 \cdot$ ______________ = ______ Kurzform: $2^7 =$ ______

A: ________________________________

Ein Produkt aus gleichen Zahlen kann man kurz als Potenz schreiben.

$\underbrace{3 \cdot 3 \cdot 3 \cdot 3 \cdot 3 \cdot 3 \cdot 3 \cdot 3}_{\text{8-mal die gleiche Zahl}} = 3^8$ ← Hochzahl Exponent

Man sagt: „3 hoch 8“

2. Schreibe als Potenz.

a) $5 \cdot 5 \cdot 5 \cdot 5 =$ ______ b) $3 \cdot 3 \cdot 3 \cdot 3 \cdot 3 =$ ______ c) $7 \cdot 7 \cdot 7 \cdot 7 \cdot 7 \cdot 7 \cdot 7 =$ ______

d) $2 \cdot 2 \cdot 2 \cdot 2 \cdot 2 \cdot 2 \cdot 2 \cdot 2 \cdot 2 \cdot 2 =$ ______ e) $10 \cdot 10 \cdot 10 =$ ______ f) $8 \cdot 8 \cdot 8 =$ ______

3. Schreibe die Potenz ausführlich und berechne.

a) $3^3 =$ ______ · ______ · ______ = ______ b) $2^4 =$ ______________ = ______

c) $4^2 =$ ______________ = ______ d) $5^3 =$ ______________ = ______

4. a) Berechne. $3^2 =$ ______ = ______ ; $2^3 =$ ______ = ______ ; $3 \cdot 2 =$ ______
b) Kreuze die wahren Aussagen an.

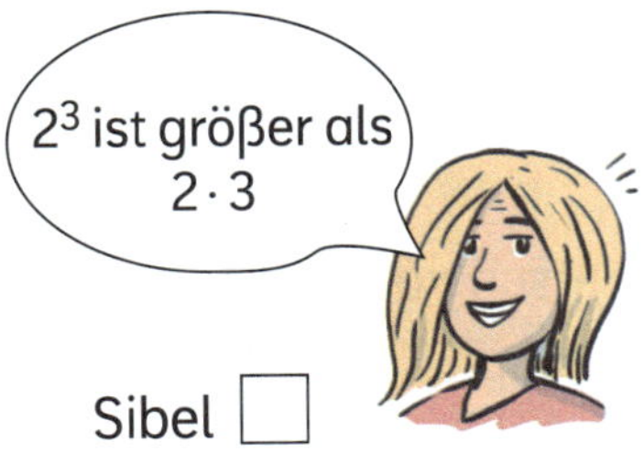

Sibel ☐

Artur ☐

Laura ☐

5. Berechne.

$4 \cdot 3 =$ ______ ; $4^3 =$ ______________ ; $3^4 =$ ______________

6. Bei diesen Potenzen musst du nicht rechnen.

a) $1^5 =$ ______ b) $1^{10} =$ ______ c) $0^7 =$ ______ d) $9^1 =$ ______

1. Vervollständige die Tabelle.

Potenz	3^2		2^4	7^2		10^2
Produkt		$4 \cdot 4 \cdot 4$			$5 \cdot 5 \cdot 5$	
Ergebnis						

2. Kleiner, größer oder gleich? Berechne, dann setze ein: <, > oder =

a) $6 \cdot 2$ ☐ 2^6 b) $3 \cdot 4$ ☐ 3^4 c) $1 \cdot 5$ ☐ 1^5 d) 5^2 ☐ 2^5

12 ___ ___ ___ ___ ___ ___ ___

3. Hier kannst du ohne Rechnung entscheiden. Setze ein: <, > oder =

a) $3 \cdot 2$ ☐ 3^2 b) $3 \cdot 3$ ☐ 3^3 c) $2 \cdot 2$ ☐ 2^2 d) 10^2 ☐ 5^2

4. Was gehört zusammen? Färbe jeweils mit der gleichen Farbe.

$5 + 5 + 5 + 5$	$4 \cdot 4 \cdot 4 \cdot 4 \cdot 4$	$3 \cdot 3 \cdot 3 \cdot 3$	$5 \cdot 5 \cdot 5 \cdot 5$	$4 + 4 + 4$
3^4	$4 \cdot 5$	5^4	$3 \cdot 4$	4^5

5. Die Hochzahl kannst du durch Probieren bestimmen. Trage sie ein.

a) $4 = 2^{☐}$ b) $27 = 3^{☐}$ c) $16 = 4^{☐}$ d) $16 = 2^{☐}$ e) $100 = 10^{☐}$

f) $8 = 2^{☐}$ g) $25 = 5^{☐}$ h) $36 = 6^{☐}$ i) $32 = 2^{☐}$ j) $1000 = 10^{☐}$

6. Die Hochzahl ist angegeben. Wie heißt die fehlende Zahl?

a) $☐^2 = 81$ b) $☐^2 = 49$ c) $☐^3 = 8$ d) $☐^2 = 16$ e) $☐^4 = 16$

7. Kreuze die wahren Aussagen an. Du kannst ohne Rechnung entscheiden.

2^2 ist das Doppelte von 2.

Luca ☐

5^3 ist das Fünffache von 5^2.

Lola ☐

3^2 ist das Doppelte von 3.

Bert ☐

1. Schreibe als Produkt und rechne aus.

a) $10^2 = 10 \cdot 10 =$ ______ b) $10^3 =$ ______ = ______

c) $10^4 =$ ______ = ______ d) $10^5 =$ ______ = ______

Bei einer Zehnerpotenz gibt die Hochzahl die Anzahl der Nullen an.
$10^3 = 1\,000$ $10^8 = 100\,000\,000$

2. Vervollständige die Tabelle.

Zehnerpotenz	Zahl	Zahlwort
10^3	1 000	Tausend
10^6		Million
	1 000 000 000	Milliarde
10^{12}		Billion

3. Schreibe die Zehnerpotenz als Zahl.

a) $10^4 =$ ______ b) $10^2 =$ ______ c) $10^5 =$ ______

d) $10^3 =$ ______ e) $10^6 =$ ______ f) $10^7 =$ ______

4. Schreibe die Zahl als Zehnerpotenz.

a) 10 000 = ______ b) 1 000 000 = ______ c) 100 000 = ______ d) 10 000 000 = ______

5. Schreibe mit einer Zehnerpotenz.

a) $30\,000 = 3 \cdot 10\,000 = 3 \cdot 10^{\square}$ b) $500\,000 = 5 \cdot$ ______ $= 5 \cdot$ ______

c) 7 000 000 = ______ = ______ d) 8 000 = ______ = ______

6. Immer drei Karten gehören zusammen. Färbe sie mit der gleichen Farbe.

200	20 000	2 000 000 000	2 000 000
Zwanzigtausend	2 Millionen	Zweihundert	2 Milliarden
$2 \cdot 10^6$	$2 \cdot 10^9$	$2 \cdot 10^4$	$2 \cdot 10^2$

7. Ergänze die Hochzahl.

a)

Das sind $4 \cdot 10^{\square}$ km.

b)

Das sind $7 \cdot 10^{\square}$ Menschen.

c)

Das sind $10^{\square}$ m.

1. Alle Figuren in dieser Reihe sollen in gleiche kleine Quadrate eingeteilt sein.

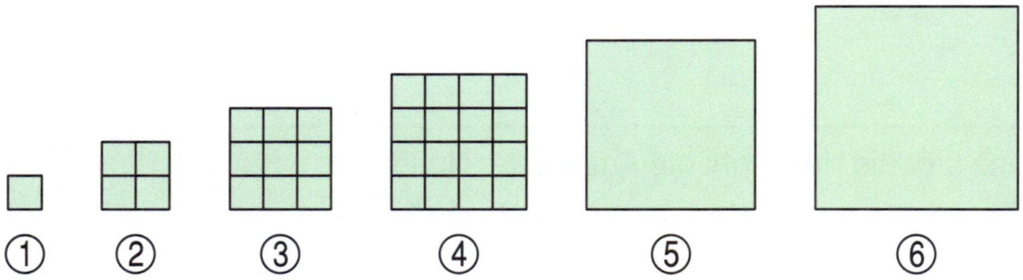

a) Trage in die Tabelle ein, wie viele kleine Quadrate jede Figur enthält.

Nummer der Figur	1	2	3	4	5	6
Anzahl der Quadrate	1	4				

b) Die Reihe wird fortgesetzt. Welche Nummer hat die Figur, die 100 kleine Quadrate enthält?

A: ____________________

> Wenn man eine Zahl mit sich selbst multipliziert, erhält man das Quadrat der Zahl. $3 \cdot 3 = 9$
> $3^2 = 9$

2. Berechne.

a) $9^2 =$ ____ b) $8^2 =$ ____ c) $7^2 =$ ____ d) $4^2 =$ ____ e) $10^2 =$ ____

3. Ein Quadrat hat den Flächeninhalt 36 cm^2. Wie lang ist eine Seite des Quadrats?

A: ____________________

> Die Quadratwurzel ($\sqrt{\ }$) aus einer Zahl ergibt mit sich selbst multipliziert diese Zahl. $\sqrt{16} = 4$, denn $4^2 = 16$

4. Trage die fehlenden Zahlen ein.

a) $\sqrt{4}$ = ____, denn ____$^2 = 4$

b) $\sqrt{81}$ = ____, denn ____$^2 =$ ____

c) $\sqrt{64}$ = ____, denn ____$^2 =$ ____

d) $\sqrt{100}$ = ____, denn ____$^2 =$ ____

5. Für viele Zahlen ist die Wurzel keine ganze Zahl. Gib zwei aufeinanderfolgende ganze Zahlen an, zwischen denen die Wurzel liegt.

a) ____ $< \sqrt{7} <$ ____, denn ____$^2 < 7 <$ ____^{2}

b) ____ $< \sqrt{2} <$ ____, denn ____$^2 < 2 <$ ____^{2}

c) ____ $< \sqrt{10} <$ ____, denn ____$^2 < 10 <$ ____^{2}

d) ____ $< \sqrt{30} <$ ____, denn ____$^2 < 30 <$ ____^{2}

1. Der Flächeninhalt der Quadrate ist gegeben. Berechne jeweils die Seitenlänge.

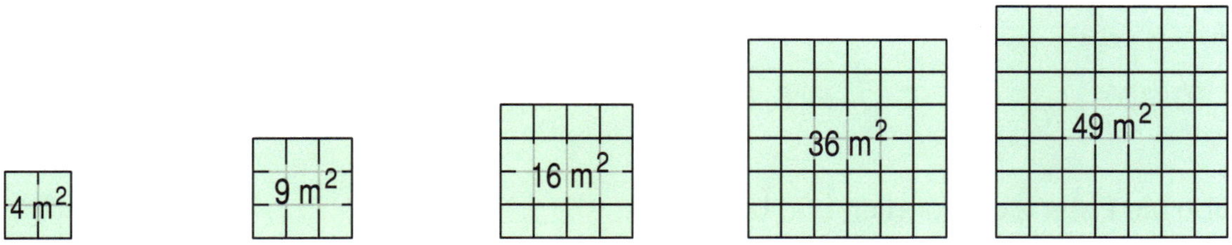

a = ____ a = ____ a = ____ a = ____ a = ____

2. Ein Blumenbeet hat die Form eines Quadrats. Die Fläche beträgt 25 m².
Wie lang ist eine Seite des Beetes?

A: ______________________________

3. Ein quadratisches Blech hat eine Fläche von 81 cm². Wie lang ist eine Seite?

A: ______________________________

4. Die Terrasse von Familie Jung ist 9 m lang und 4 m breit. Die Terrasse von Familie Radek hat die Form eines Quadrats. Die Fläche ist so groß wie bei der Terrasse von Familie Jung. Ergänze die fehlenden Zahlen.

Familie Jung	Familie Radek
Länge: ____ Breite: ____	Fläche: ____
Fläche: ____	Länge einer Seite: ____

5. Der Randstreifen neben einer Straße ist 50 m lang und 2 m breit. Der Gärtner braucht dafür genau ein Paket Rasensamen. Für ein quadratisches Beet im Park braucht der Gärtner ebenfalls genau ein Paket Rasensamen.
Wie lang ist eine Seite des Beets im Park?

A: ______________________________

6. Ein quadratisches Beet ist 81 m² groß.
Wie lang ist der Zaun um das Beet?

A: ______________________________

1. Schreibe als Potenz.

a) $4 \cdot 4 \cdot 4 =$ ______ b) $7 \cdot 7 \cdot 7 \cdot 7 =$ ______ c) $9 \cdot 9 \cdot 9 \cdot 9 \cdot 9 =$ ______

d) $10 \cdot 10 \cdot 10 =$ ______ e) $6 \cdot 6 \cdot 6 \cdot 6 \cdot 6 \cdot 6 =$ ______ f) $3 \cdot 3 \cdot 3 \cdot 3 =$ ______

2. Schreibe die Potenz ausführlich und berechne.

a) $4^3 =$ ______ · ______ · ______ = ______ b) $2^5 =$ ______________ = ______

c) $8^2 =$ ______________ = ______ d) $3^3 =$ ______________ = ______

3. Schreibe die Zehnerpotenz als Zahl.

a) $10^6 =$ ______ b) $10^3 =$ ______ c) $10^4 =$ ______

d) $10^5 =$ ______ e) $10^2 =$ ______ f) $10^7 =$ ______

4. Schreibe die Zahl als Zehnerpotenz.

a) 1 000 = ______ b) 10 000 000 = ______ c) 1 000 000 = ______

d) 10 000 = ______ e) 100 = ______ f) 1 000 000 000 = ______

5. Berechne.

a) $10^2 =$ ______ b) $7^2 =$ ______ c) $3^2 =$ ______ d) $5^2 =$ ______ e) $8^2 =$ ______

6. Trage die fehlenden Zahlen ein.

a) $\sqrt{36} =$ ______, denn $\_\_\_^2 = 36$ b) $\sqrt{49} =$ ______, denn $\_\_\_^2 = 49$

c) $\sqrt{25} =$ ______, denn $\_\_\_^2 = 25$ d) $\sqrt{100} =$ ______, denn $\_\_\_^2 = 100$

7. Der Flächeninhalt eines Quadrats ist gegeben. Wie lang ist eine Seite des Quadrats?

a) $A = 81\ m^2$ b) $A = 64\ m^2$ c) $A = 100\ m^2$ d) $A = 144\ m^2$

a = ______ m a = ______ m a = ______ m a = ______ m

8. Robert möchte um sein quadratisches Kaninchengehege neuen Maschendraht befestigen. Die Fläche des Geheges beträgt $49\ m^2$. Wie viel Meter Maschendraht benötigt Robert?

A: ______________________________

5 Satz des Pythagoras

1. Die Dreiecke sind rechtwinklig. Markiere in jedem Dreieck die längste Seite rot und den rechten Winkel grün.

a) 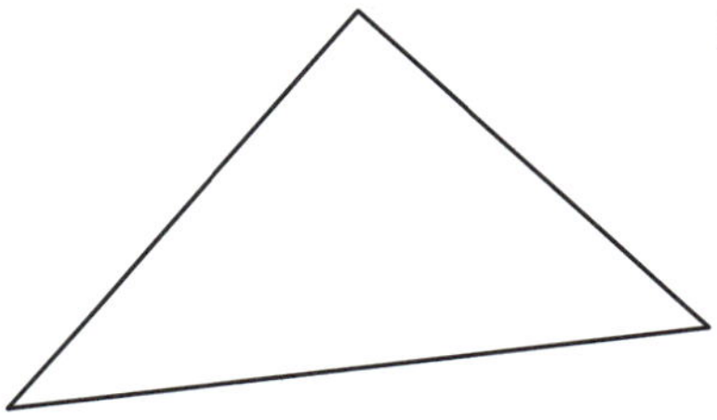

b) 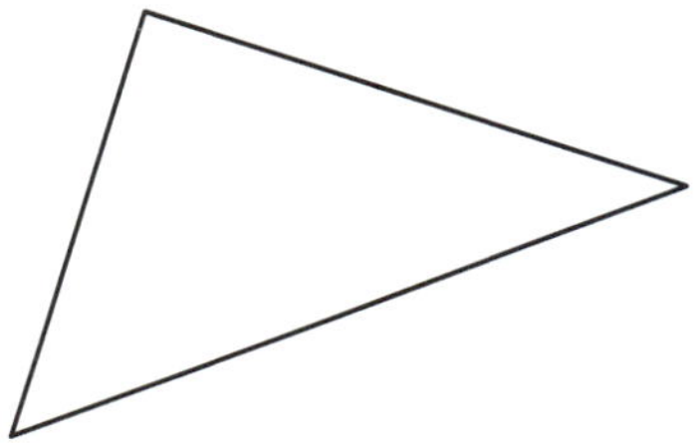

c) 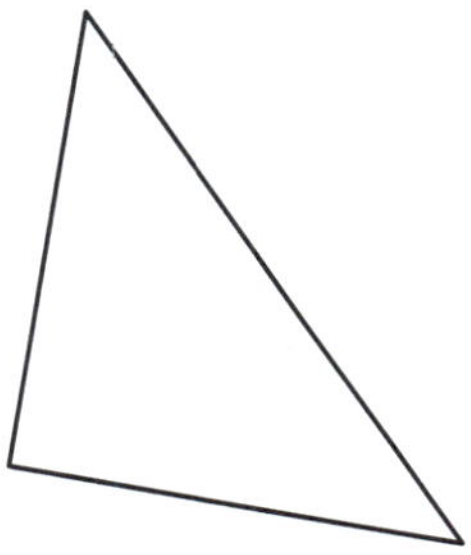

In jedem rechtwinkligen Dreieck liegt die längste Seite dem rechten Winkel gegenüber.
Sie heißt Hypotenuse.

Die Katheten schließen den rechten Winkel ein.

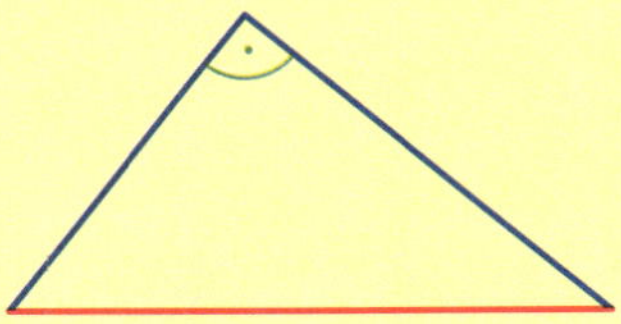

2. Markiere in jedem Dreieck den rechten Winkel grün, die Hypotenuse rot und die beiden Katheten blau.

a) 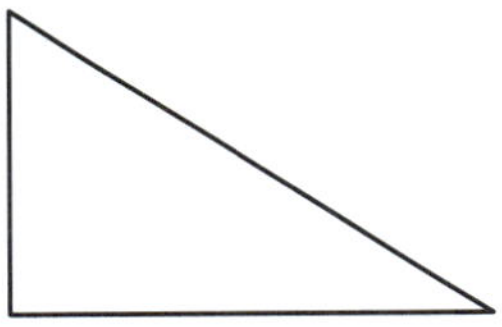

b) 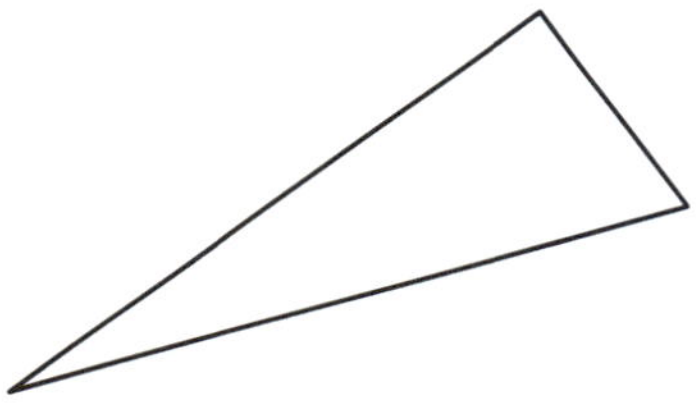

c) 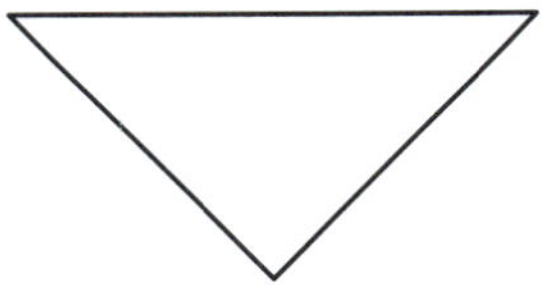

3. Benenne in jedem Dreieck die Hypotenuse und die beiden Katheten.

a) 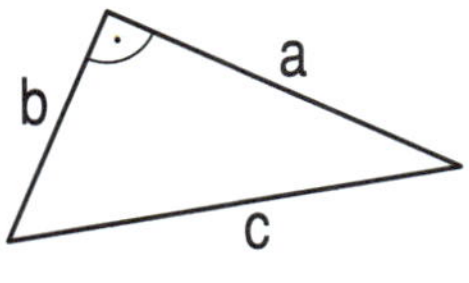

Hypotenuse: ________

Katheten: ______, ______

b) 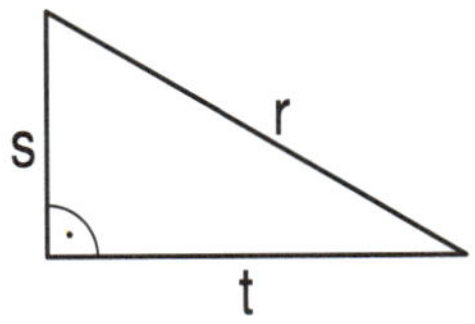

Hypotenuse: ________

Katheten: ______, ______

c) 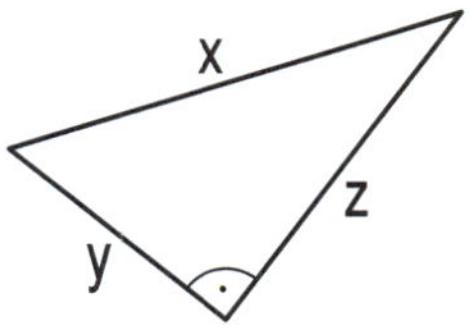

Hypotenuse: ________

Katheten: ______, ______

d) 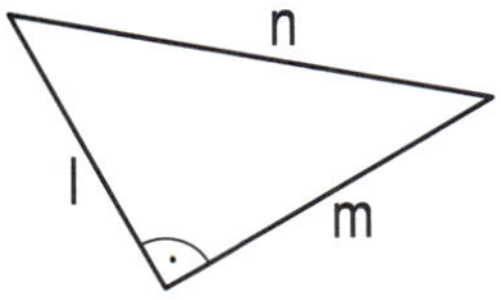

Hypotenuse: ________

Katheten: ______, ______

e) 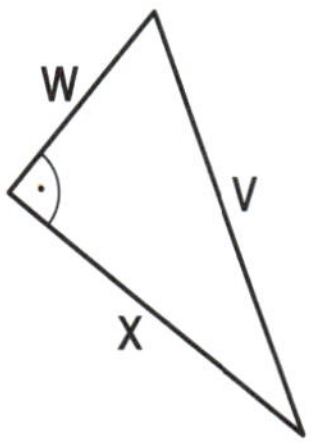

Hypotenuse: ________

Katheten: ______, ______

f) 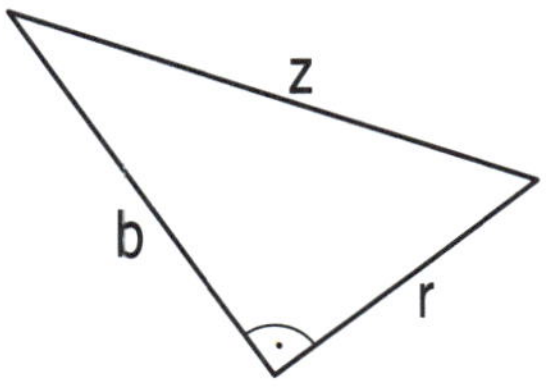

Hypotenuse: ________

Katheten: ______, ______

1. Über den drei Seiten des rechtwinkligen Dreiecks sind Quadrate gezeichnet.

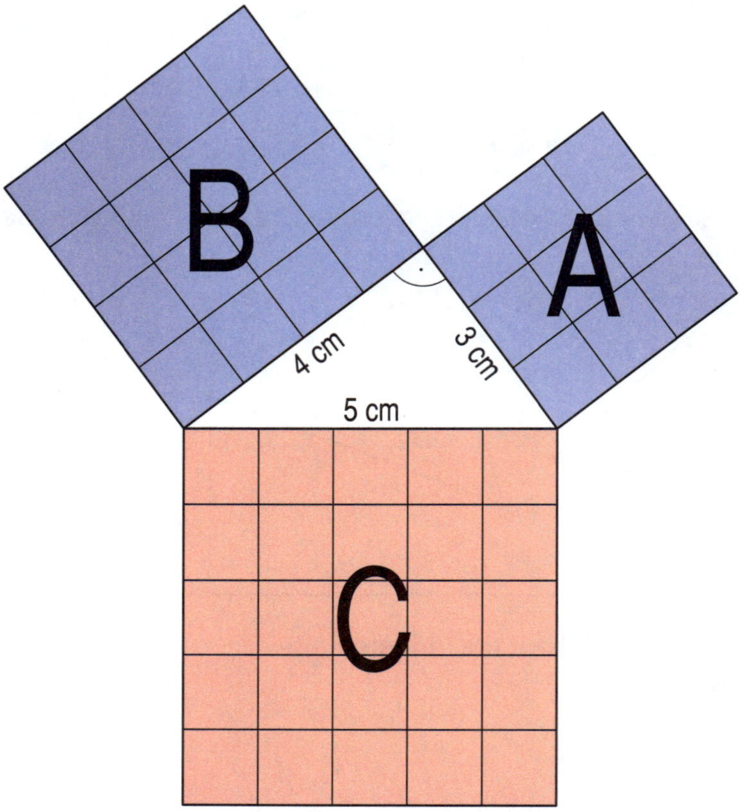

a) Gib für jedes Quadrat den Flächeninhalt an.

Quadrat A: ______ Quadrat B: ______ Quadrat C: ______

b) Wie groß sind die Flächeninhalte von Quadrat A und Quadrat B zusammen?

A und B zusammen: ______ + ______ = ______

Vergleiche mit dem Flächeninhalt von Quadrat C. Was stellst du fest?

A: ______

Für jedes rechtwinklige Dreieck gilt:

Die Quadrate über den beiden Katheten sind zusammen so groß wie das Quadrat über der Hypotenuse.

Satz des Pythagoras: $a^2 + b^2 = c^2$

Beachte: Der Satz des Pythagoras gilt nur für rechtwinklige Dreiecke.

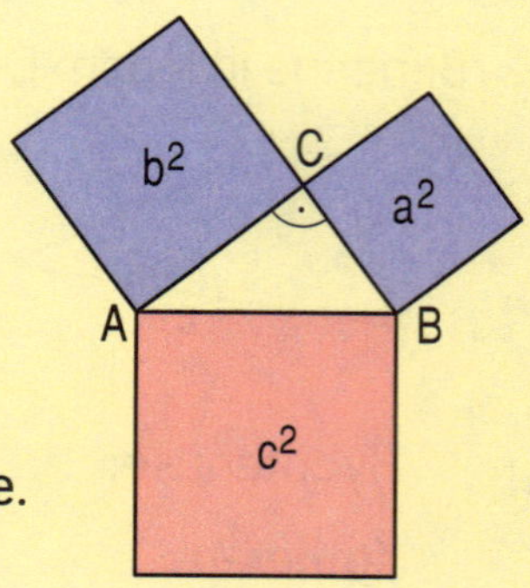

2. Hier heißen die Seiten anders. Schreibe für jedes Dreieck die Gleichung auf, die nach dem Satz des Pythagoras gilt.

a)
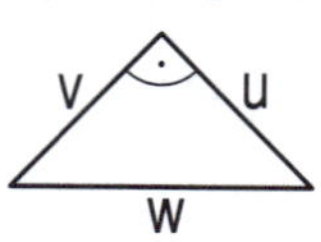

b)
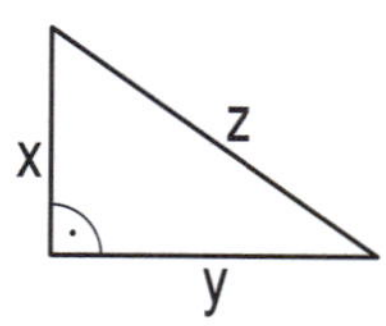

c)
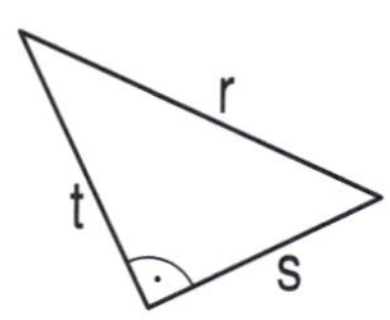

d)
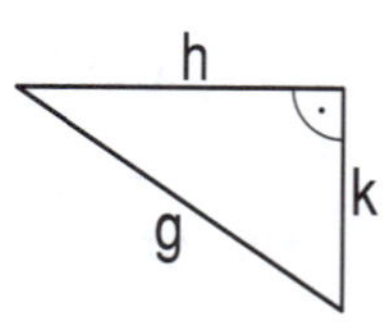

$u^2 +$ ______ ______ ______ ______

1. In einem rechtwinkligen Dreieck sind die beiden Katheten a und b gegeben.
Berechne die Länge der Hypotenuse c mit dem Satz des Pythagoras $a^2 + b^2 = c^2$.

a)

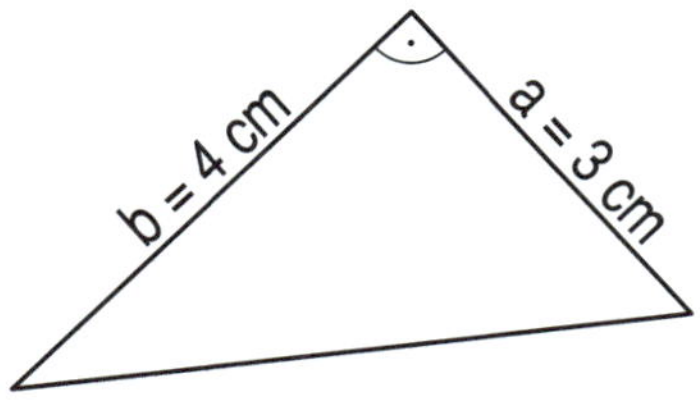

c = ______ cm

$a^2 + b^2 = c^2$

$c^2 = a^2 + b^2$

c^2 berechnen: $c^2 = 3^2 + 4^2$

$c^2 = 9 + 16$

$c^2 = 25$

Wurzel ziehen: $c = \sqrt{25}$

c = ______ cm

b)

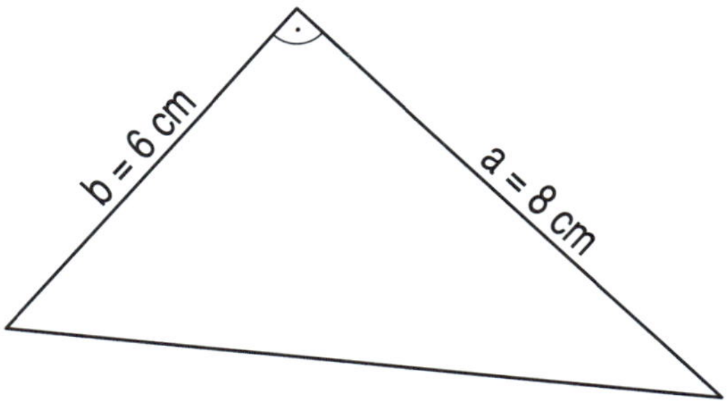

c = ______ cm

$a^2 + b^2 = c^2$

$c^2 =$ ______

$c^2 =$ ______ + ______

$c^2 =$ ______ + ______

$c^2 =$ ______

c = ______

c = ______ cm

2. Berechne die Hypotenuse c im rechtwinkligen Dreieck. Rechne mit dem Taschenrechner.

a) a = 5 cm, b = 12 cm

______

______

$c^2 =$ ______

$c^2 =$ ______

$c^2 =$ ______

c = ______

c = ______ cm

b) a = 1,6 cm, b = 1,2 cm

______

______

______

______

$c^2 =$ ______

c = ______

c = ______ cm

3. Wie lang ist die Auffahrt der Laderampe? Rechne mit dem Taschenrechner.

A: ______

1. In einem rechtwinkligen Dreieck sind eine Kathete und die Hypotenuse c gegeben. Berechne die Länge der anderen Kathete mit dem Satz des Pythagoras $a^2 + b^2 = c^2$. Rechne mit dem Taschenrechner.

a)

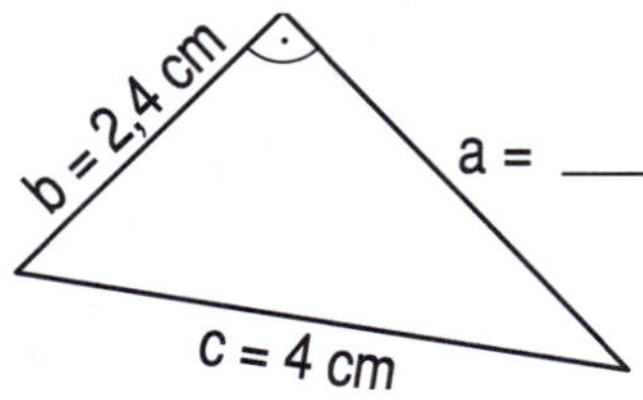

b)

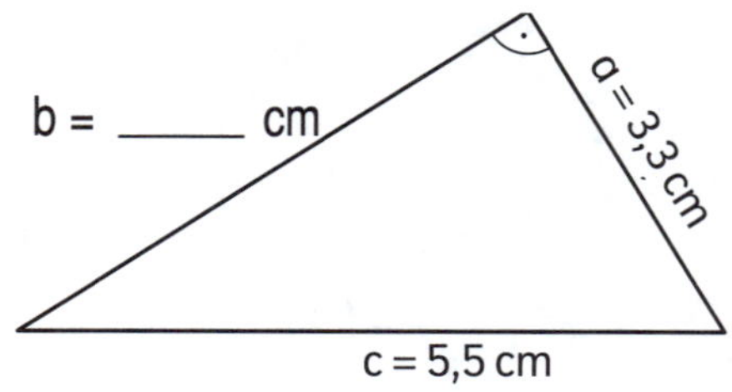

a)

$a^2 + b^2 = c^2$

a^2 berechnen: $a^2 + 2{,}4^2 = 4^2$

$a^2 + 5{,}76 = 16 \quad | -5{,}76$

$a^2 = 16 - 5{,}76$

$a^2 = 10{,}24$

Wurzel ziehen: $a = \sqrt{10{,}24}$

a = ______ cm

b)

$a^2 + b^2 = c^2$

______ + b^2 = ______

______ + b^2 = ______ | – ______

b^2 = ______ – ______

b^2 = ______

b = ______

b = ______ cm

2. Die Hypotenuse c und eine Kathete eines rechtwinkligen Dreiecks sind gegeben. Berechne die fehlende Kathete. Rechne mit dem Taschenrechner.

a) b = 4 cm, c = 5,8 cm

____

____

a^2 + ______________ | – ______

____

a^2 = ______________

a = ______________

a = ______________ cm

b) a = 4,8 cm, c = 5,2 cm

____

____

____

____

b^2 = ______________

b = ______________

b = ______________ cm

3. Wie hoch ist der Giebel? Rechne mit dem Taschenrechner.

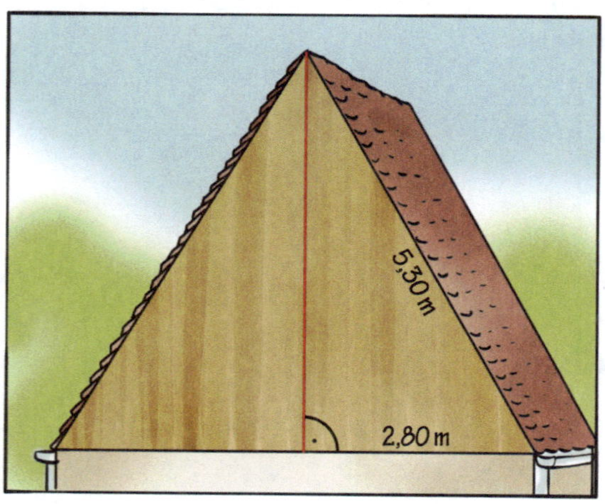

A: ____

1. Berechne die fehlende Seite im rechtwinkligen Dreieck. Runde dein Ergebnis auf zwei Stellen nach dem Komma.

a)

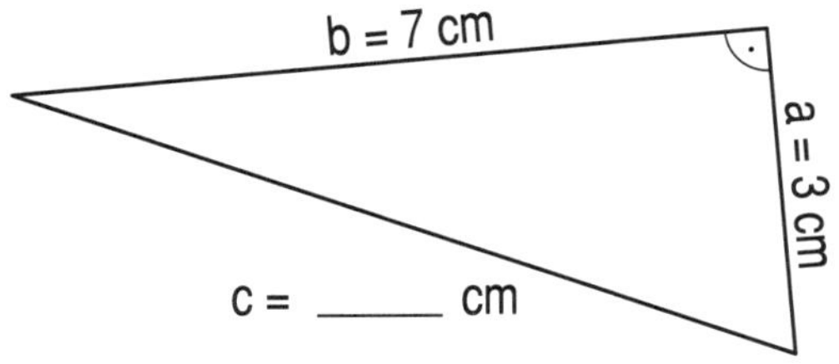

b)

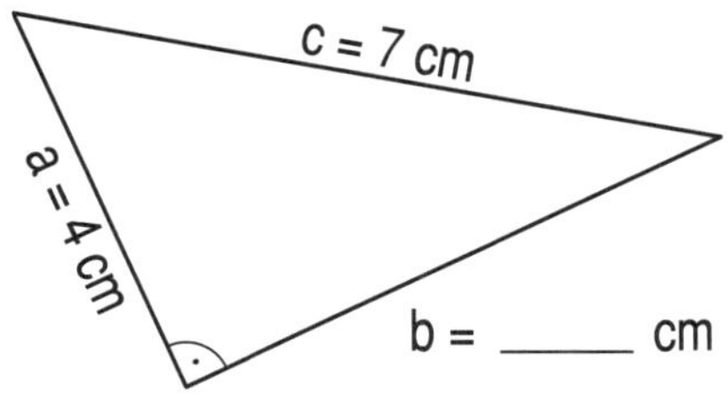

2. Die Diagonale zerlegt das Rechteck in zwei rechtwinklige Dreiecke. Berechne die Länge der Diagonalen mit dem Satz des Pythagoras $a^2 + b^2 = c^2$.

a)

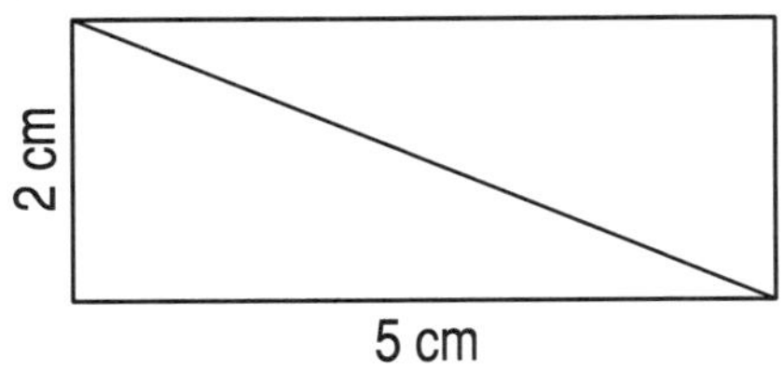

Länge der Diagonalen: ____ cm

b)

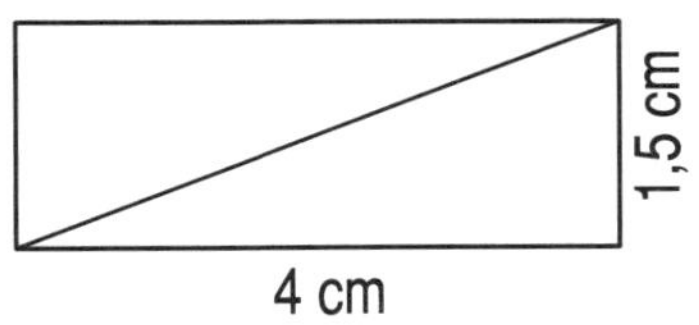

Länge der Diagonalen: ____ cm

3. Berechne die fehlende Seitenlänge des Rechtecks.

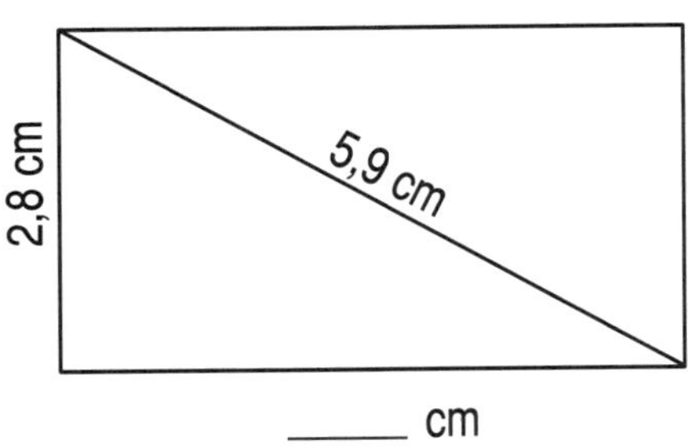

1. Ein Baum ist bei einem Sturm in 9 m Höhe abgeknickt. Seine Spitze berührt den Boden 6 m vom Stamm entfernt. Wie lang ist die abgeknickte Spitze? Runde.

Skizze:

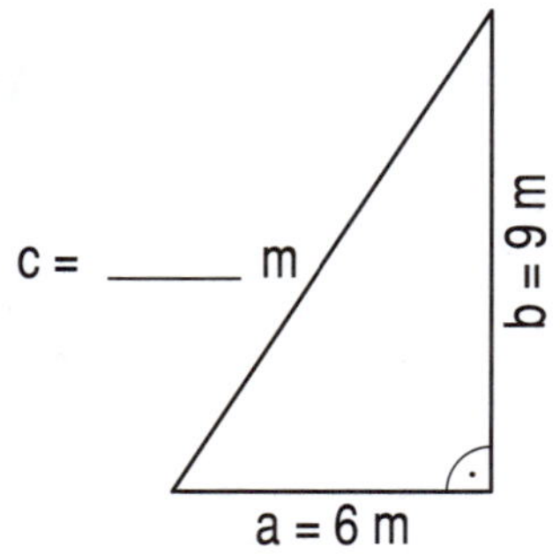

$a^2 + b^2 = c^2$

$c^2 = a^2 + b^2$

$c^2 = \_\_\_^2 + \_\_\_^2$

$c^2 = \_\_\_$

$c^2 = \_\_\_$

$c = \sqrt{\_\_\_}$

$c = \_\_\_$ m

A: ____________________

2. Eine Leiter ist 6 m lang. Sie steht 2 m von der Wand entfernt auf dem Boden. In welcher Höhe berührt sie die Wand?

Skizze:

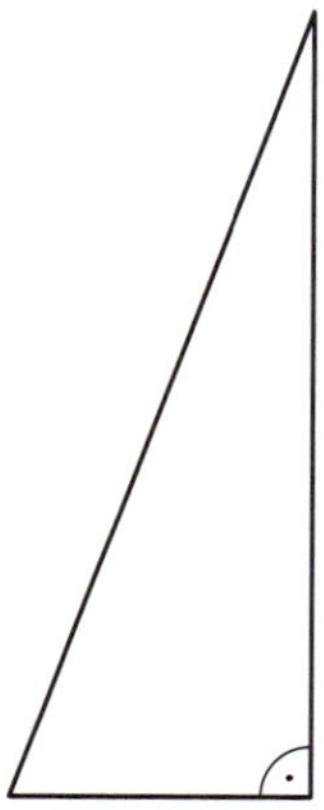

$a^2 + b^2 = c^2$

$a^2 + 2^2 = 6^2$

$a^2 + \_\_\_ = \_\_\_ \quad | - \_\_\_$

$a^2 = \_\_\_ - \_\_\_$

$a^2 = \_\_\_$

$a = \sqrt{\_\_\_}$

$a = \_\_\_$ m

A: ____________________

3. Über die Treppe soll eine Rampe gelegt werden. Wie lang muss die Rampe sein?

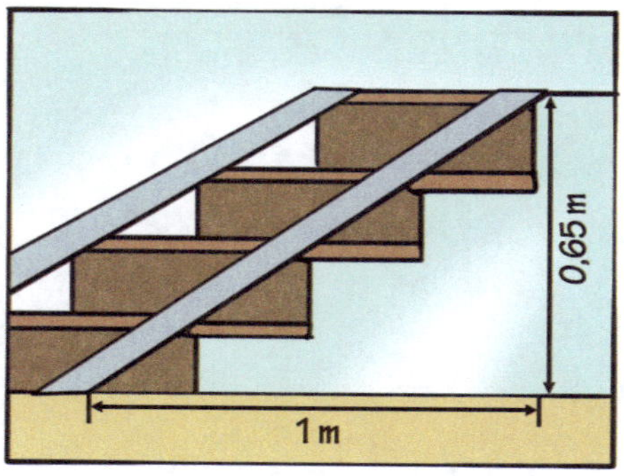

Skizze:

A: ____________________

____

1. Hakan und Tina laufen quer über den Sportplatz. Wie lang ist ihr Weg?

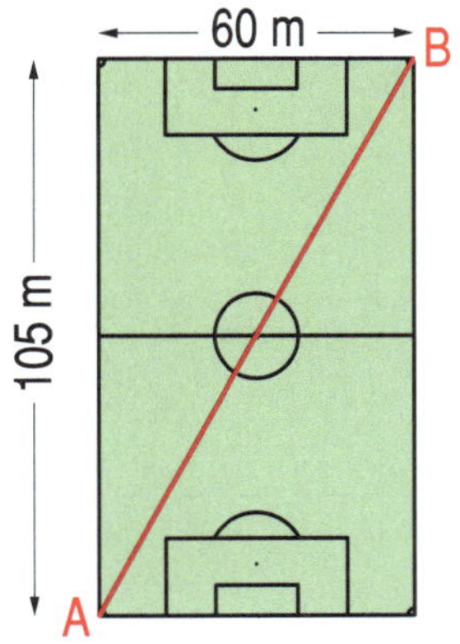

Skizze:

A: ____________________

2. Der Bildschirm ist 39 cm hoch. Die Diagonale ist 78 cm lang. Wie breit ist der Bildschirm?

Skizze:

A: ____________________

3. Ein Funkmast wird in 46 m Höhe von Spannseilen gehalten. Die Seile sind 10 m vom Fuß des Mastes am Boden befestigt. Wie lang sind die Seile?

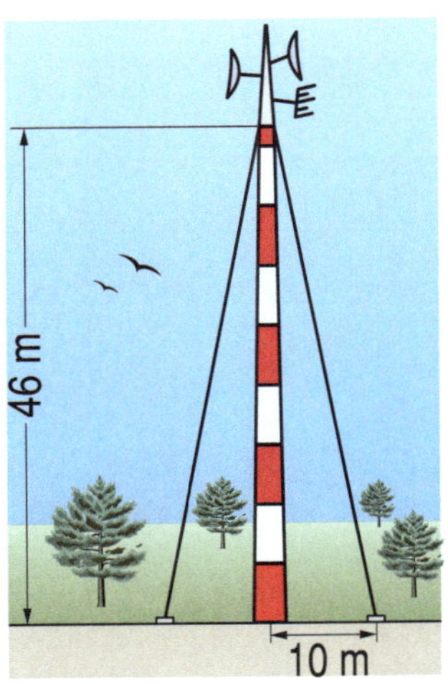

Skizze:

A: ____________________

1. In einem rechtwinkligen Dreieck sind die Katheten a und b gegeben. Berechne die Länge der Hypotenuse c. Rechne mit dem Taschenrechner. Runde.

a) $a = 6\ cm$, $b = 10\ cm$

______

______

$c^2 =$ ______

______

$c^2 =$ ______

$c = \sqrt{\quad}$ ______

$c =$ ______ cm

b) $a = 5{,}4\ cm$, $b = 2{,}8\ cm$

______

______

______

______

______

______

______ cm

2. In einem rechtwinkligen Dreieck sind eine Kathete und die Hypotenuse c gegeben. Berechne die fehlende Kathete. Rechne mit dem Taschenrechner. Runde.

a) $b = 3{,}5\ cm$, $c = 4{,}7\ cm$

______

______

$a^2 +$ ______ | − ______

______

$a^2 =$ ______

$a = \sqrt{\quad}$ ______

$a =$ ______ cm

b) $a = 7{,}2\ cm$, $c = 8{,}4\ cm$

______

______

______

______

______

______

$a =$ ______ cm

3. Um die rechteckige Wiese verläuft ein Fußweg. Viele Fußgänger gehen aber auf dem Trampelpfad quer über die Wiese. Wie lang ist der Trampelpfad?

Skizze:

A: ______

Prozent- und Zinsrechnung

6

1. Beim Popkonzert der *Jungen Wilden* bekommen 75% der Besucherinnen und Besucher einen Sitzplatz. Insgesamt kommen 1 400 Personen zum Konzert.
Wie viele Besucher bekommen einen Sitzplatz? Berechne den Prozentwert.

	%	Besucher	
	100	1 400	Grundwert
	1	14	
Prozentsatz	75		Prozentwert

2. Von den 250 Schülern der Uferschule besuchen 75 das Konzert der *Jungen Wilden*.
Wie viel Prozent der Schüler besuchen das Konzert? Berechne den Prozentsatz.

	Schüler	%	
Grundwert	250	100	
	1	0,4	
Prozentwert	75		Prozentsatz

3. Beim nächsten Konzert der *Jungen Wilden* sind 9% der Besucher jünger als 16 Jahre. Das sind 108 Personen.
Wie viele Besucher hat dieses Konzert? Berechne den Grundwert.

	%	Personen	
Prozentsatz	9	108	Prozentwert
	1		
	100		Grundwert

4. Vervollständige die Tabelle.

Grundwert	100 €	400 m		500 kg	300 €	800 €
Prozentsatz		30%	10%		20%	
Prozentwert	20 €		50 m	50 kg		40 €

5. Für drei Konzerte der *Jungen Wilden* werden 4000 Eintrittskarten verkauft, davon 800 an Besucher unter 16 Jahren. Wie viel Prozent der Besucher sind jünger als 16 Jahre?

A: ______________________________

1. Was musst du berechnen: den Prozentwert, den Prozentsatz oder den Grundwert? Schreibe die Frage auf, dann rechne.

A

F: ______________________________

A: ______________________________

B

F: ______________________________

A: ______________________________

C

F: ______________________________

A: ______________________________

D

F: ______________________________

A: ______________________________

1. Wie viel Euro sind für jedes Fahrrad zu zahlen?
Vervollständige die Rechnung und schreibe einen Antwortsatz.

A

Ein Fahrrad kostet mit Grundausstattung 480 €.
Mit Sonderausstattung kostet das Fahrrad 20 % mehr.

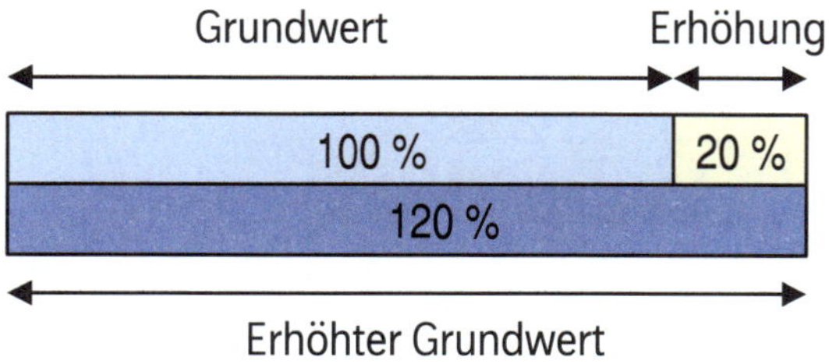

%	€
100	
1	
120	

A: ______________________

B

Im letzten Jahr kostete ein Fahrrad 560 €. In diesem Jahr gibt der Händler einen Nachlass von 20 %.

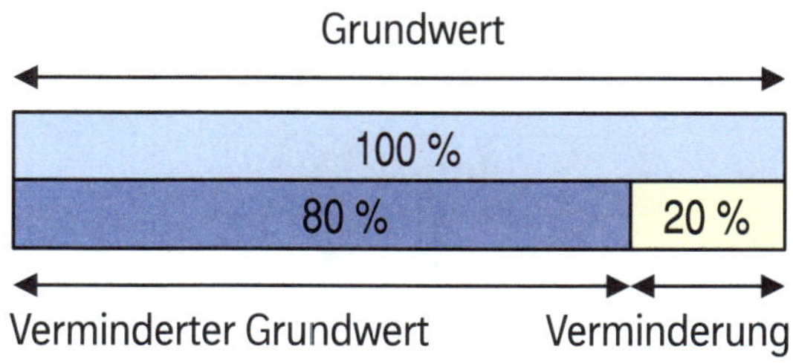

%	€
100	
1	
80	

A: ______________________

2. Berechne die Verkaufspreise.

A

Verkaufspreis: ______________

B

Verkaufspreis: ______________

1. Berechne die neuen Preise.

a)

Jeans	
%	€

Neuer Preis: ______________

b)

Pullover	
%	€

Neuer Preis: ______________

c)

Jacke	
%	€

Neuer Preis: ______________

d)

Kleid	
%	€

Neuer Preis: ______________

2. Berechne die Preise bei Barzahlung.

a)

Bett	
%	€

Preis bei Barzahlung: ______________

b)

Jugendzimmer	
%	€

Preis bei Barzahlung: ______________

1. Herr Arp hat einen Bruttolohn von 2200 €. Davon werden 12 % Steuern und außerdem Sozialabgaben von 440 € abgezogen. Was bleibt, wird als Nettolohn ausbezahlt.
a) Berechne die Steuern.
b) Berechne die Abzüge.
c) Berechne den Nettolohn.

Steuern 12 %	
%	€
100	2200
1	
12	

Bruttolohn 2200 €

Steuern:		€
Sozialabgaben:	+	€
Abzüge:		€

Bruttolohn:		€
Abzüge:	–	€
Nettolohn:		€

2. Frau Keck hat einen Bruttolohn von 2500 €. Berechne zuerst die Steuern und die Sozialabgaben, dann den Nettolohn von Frau Keck.

Steuern 14 %	
%	€
100	2500
1	
14	

Sozialabgaben 20 %	
%	€
100	2500
1	

Bruttolohn 2500 €

Steuern:		€
Sozialabgaben:	+	€
Abzüge:		€

Bruttolohn:		€
Abzüge:	–	€
Nettolohn:		€

3. Der Bruttolohn und der Betrag der Steuern sind angegeben.
Berechne den Prozentsatz der Steuern, die abgezogen werden.

a)

Bruttolohn 2000 €
Steuern 160 €

€	%
2000	100
1	0,05
160	

Prozentsatz der Steuern: ____________

b)

Bruttolohn 2500 €
Steuern 450 €

€	%

Prozentsatz der Steuern: ____________

Jahreszinsen

1. Berechne die Jahreszinsen. Der Zinssatz ist immer 3 %.

a) Kapital: 400 €

%	€
100	400

(: 100 ↓ ; · 3 ↓)

Jahreszinsen: ____ €

b) Kapital: 900 €

%	€

Jahreszinsen: ____ €

c) Kapital: 2500 €

%	€

Jahreszinsen: ____ €

2. Berechne die Jahreszinsen im Kopf.

	a)	b)	c)	d)	e)
Kapital	2000 €	4000 €	1500 €	3000 €	4500 €
Zinssatz	1 %	0,5 %	3 %	1,5 %	1 %
Jahreszinsen					

3. Am Jahresende kommen die Zinsen zum Guthaben hinzu.
Berechne die Jaheszinsen und das Guthaben am Jahrsende.

a) Guthaben 1780 €

Zinssatz: 2 %

%	€

b) Guthaben 7640 €

Zinssatz: 1,5 %

%	€

Jahreszinsen: ____ €

Guthaben am Jahresende: ____ €

Jahreszinsen: ____ €

Guthaben am Jahresende: ____ €

4. Jahreszinsen und Zinssatz sind gegeben. Berechne das Guthaben vor einem Jahr.

a) Zinsen: 28 €

Zinssatz: 2 %

%	€

b) Zinsen: 78 €

Zinssatz: 3 %

%	€

Guthaben vor einem Jahr: ____ €

Guthaben vor einem Jahr: ____ €

1. Frau Keller legt ein Kapital von 36000 € für 3 Monate an. Der Zinssatz beträgt 2 %.
a) Vervollständige die Tabelle zur Berechnung der Jahreszinsen.
b) Berechne die Monatszinsen.

Jahreszinsen	
%	€
100	
1	
2	

Monatszinsen	
Monate	€
12	
1	
3	

Monatszinsen: ____________________

2. Berechne zunächst die Jahreszinsen, dann die Monatszinsen für die angegebene Zeit.

A
Kapital: 48000 €
Zinssatz: 1,2 %
Zeit: 9 Monate

B
Kredit: 9600 €
Zinssatz: 8 %
Zeit: 7 Monate

C
Kapital: 37200 €
Zinssatz: 1,4 %
Zeit: 5 Monate

A

Jahreszinsen	
%	€
100	
1	
1,2	

Monatszinsen	
Monate	€
12	
1	
9	

Monatszinsen: ____________________

B

Jahreszinsen	
%	€

Monatszinsen	
Monate	€

Monatszinsen: ____________________

C

Jahreszinsen	
%	€

Monatszinsen	
Monate	€

Monatszinsen: ____________________

Zinsrechnung am Computer

1. Erstelle das Rechenblatt in einem Tabellenkalkulationsprogramm auf deinem Computer.

	A	B	C
1	**Berechnung der Jahreszinsen**		
2			
3	Kapital	1.800 €	
4	Zinssatz	1,20%	
5	Zinsen		
6			
7	Guthaben am Jahresende		
8			

Hier trägst du die Formel zur Bestimmung der Jahreszinsen ein:

=B3*B4

und bestätigst mit Enter.

2. Welche Formel musst du zur Bestimmung des Guthabens am Jahresende in B7 eingeben? Kreuze an und ergänze am Computer.

☐ =B3+B4 ☐ =B3*B5 ☐ =B3+B5 ☐ =B4*B5

3. Verändere die Werte für Kapital und Zinssatz am Computer und ergänze die Tabellen im Arbeitsheft.

	A	B	C
1	**Berechnung der Jahreszinsen**		
2			
3	Kapital	2.700 €	
4	Zinssatz	1,50%	
5	Zinsen		
6			
7	Guthaben am Jahresende		
8			

	A	B	C
1	**Berechnung der Jahreszinsen**		
2			
3	Kapital	4.370 €	
4	Zinssatz	1,70%	
5	Zinsen		
6			
7	Guthaben am Jahresende		
8			

4. Die Anzahl der Dezimalstellen kann man am Computer einstellen.
Mit diesen Schaltflächen kannst du

←,0 ,00 Dezimalstellen hinzufügen, (das Ergebnis wird genauer.)

,00 →,0 Dezimalstellen löschen, (das Ergebnis wird ungenauer.)

a) Übertrage das Rechenblatt und berechne auf 4 Dezimalstellen.

	A	B	C
1	**Berechnung der Jahreszinsen**		
2			
3	Kapital	5.373 €	
4	Zinssatz	1,90%	
5	Zinsen		
6			
7	Guthaben am Jahresende		
8			

b) Übertrage das Rechenblatt und berechne auf 1 Dezimalstelle.

	A	B	C
1	**Berechnung der Jahreszinsen**		
2			
3	Kapital	3.865 €	
4	Zinssatz	0,90%	
5	Zinsen		
6			
7	Guthaben am Jahresende		
8			

5. Für ein Kapital von 3200 € erhält Bernd 48 € Jahreszinsen.
Welchem Zinssatz entspricht das? Kreuze an und überprüfe.

☐ 2% ☐ 5% ☐ 1,5% ☐ 0,5%

1. Jessica bekommt bei ihrer Bank einen Zinssatz von 2,2%. Ihr Kapital beträgt 4500 €. Nach 8 Monaten braucht sie das Geld und hebt es mit Zinsen ab. Welche Formeln stehen in B7 und in B8? Ordne zu.

	A	B
1	**Berechnung der Monatszinsen**	
2		
3	Kapital	4.800 €
4	Zinssatz	2,20%
5	Zeit in Monaten	8
6	Jahreszinsen	105,60 €
7	Monatszinsen	8,80 €
8	Zinsen für die Anlagezeit	70,40 €

_____ =B6/12

_____ =B7*B5

2. a) Übertrage das Rechenblatt in ein Tabellenkalkulationsprogramm auf deinem Computer. Verwende die Formeln für die Zellen B6, B7 und B8.

b) Verändere die Werte für Kapital, Zinssatz und Zeit am Computer und ergänze die Tabellen im Arbeitsheft.

	A	B
1	**Berechnung der Monatszinsen**	
2		
3	Kapital	5.300 €
4	Zinssatz	1,80%
5	Zeit in Monaten	5
6	Jahreszinsen	
7	Monatszinsen	
8	Zinsen für die Anlagezeit	

	A	B
1	**Berechnung der Monatszinsen**	
2		
3	Kapital	2.480 €
4	Zinssatz	1,70%
5	Zeit in Monaten	7
6	Jahreszinsen	
7	Monatszinsen	
8	Zinsen für die Anlagezeit	

3. Frau Keller leiht bei der Bank 8500 €. Die Bank verlangt 8,4% Zinsen. Nach 10 Monaten zahlt sie den Kredit und die angefallenen Zinsen zurück.

a) Welche Formeln stehen in den Zellen B6, B7, B8 und B9? Ordne zu und übertrage die Tabelle auf deinen Computer.

	A	B
1	**Berechnung des Rückzahlungsbetrags**	
2		
3	Kredit	8.500 €
4	Zinssatz	8,40%
5	Zeit in Monaten	10
6	Jahreszinsen	714,00 €
7	Monatszinsen	59,50 €
8	Kreditzinsen	595,00 €
9	Rückzahlungsbetrag	9.095,00 €
10		

B6	B7	B8	B9
=B7*B5	=B3+B8	=B3*B4	=B6/12

b) Nach wie viel Monaten müsste Frau Keller den Kredit spätestens zurückzahlen, damit der Rückzahlungsbetrag unter 9000 € bleibt? Du kannst es durch Probieren am Computer herausfinden.

A: _____

1. Berechne und ordne zu, was du berechnet hast.

a)

%	€
3	1500
100	

b)

%	€
100	7200
2	

c)

€	%
20	100
5	

Prozentsatz | Grundwert | Prozentwert

2. Berechne den Verkaufspreis.

a)

Alter Preis
840€
Ermäßigung 15%

Verkaufspreis: ____________

b)

Alter Preis 760€
In der Trendfarbe Gelb
8% Aufschlag

Verkaufspreis: ____________

3. Frau El Missiri hat einen Bruttolohn von 2600 €.
Berechne zuerst die Steuern und die Sozialabgaben, dann den Nettolohn.

Steuern 16%

%	€

Sozialabgaben 20%

%	€

Bruttolohn: 2600€

Steuern: ________ €
Sozialabgaben: + ________ €

Abzüge: ________ €

Bruttolohn: ________ €
Abzüge: − ________ €

Nettolohn: ________ €

4. Ein Kapital von 5500€ wird für 9 Monate mit 1,2% verzinst. Berechne die Monatszinsen.

B

Jahreszinsen

%	€

Monatszinsen

Monate	€

Kreis und Zylinder

7

1. Zeynep und Lukas messen den Umfang und den Durchmesser. Wie groß ungefähr ist der Umfang des Kreises im Vergleich zum Durchmesser?

A: ______________________________

2. Wie groß ist ungefähr der Umfang der Räder?

a) d = 90 cm

u ≈ ____________

u ≈ ____________

u ≈ ____________

b) d = 70 cm

u ≈ ____________

u ≈ ____________

u ≈ ____________

c) d = 50 cm

u ≈ ____________

u ≈ ____________

u ≈ ____________

d) d = 120 cm

u ≈ ____________

u ≈ ____________

u ≈ ____________

3. Der Radius ist angegeben. Berechne den Durchmesser. Trage ihn ein. Durch Überschlagen findest du heraus, welches Ergebnis für den Umfang des Kreises stimmt. Kreuze an.

a) r = 15 cm, d = ______ cm

☐ u = 94 cm

☐ u = 75 cm

☐ u = 124 cm

b) r = 24 cm, d = ______ cm

☐ u = 169 cm

☐ u = 151 cm

☐ u = 142 cm

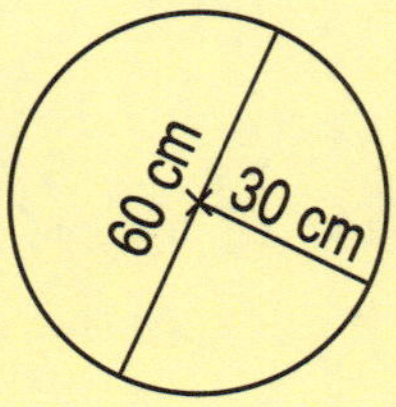

Für den Umfang des Kreises gilt:

$u = \pi \cdot d$	$u = 2 \cdot \pi \cdot r$	Wir rechnen mit $\pi = 3{,}14$.
$u = 3{,}14 \cdot 60\text{ cm}$ $u = 188{,}40\text{ cm}$	$u = 2 \cdot 3{,}14 \cdot 30\text{ cm}$ $u = 188{,}40\text{ cm}$	

1. Durchmesser d oder Radius r des Kreises sind gegeben. Berechne den Umfang u.

a) 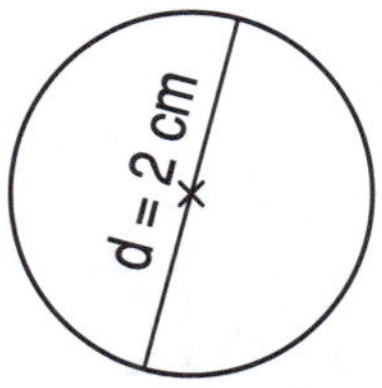

$u = \pi \cdot d$ ______

u = ______

u = ______

b) 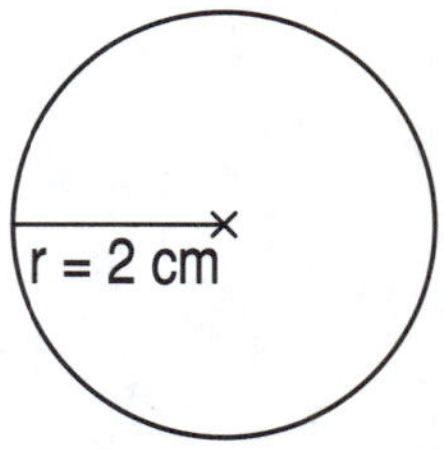

$u = 2 \cdot \pi \cdot r$ ______

u = ______

u = ______

c) 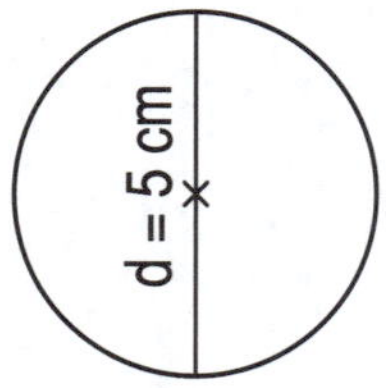

u = ______

u = ______

u = ______

d) 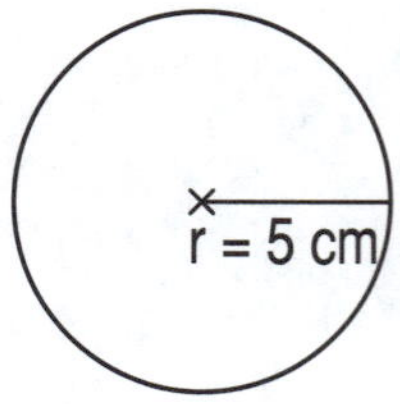

u = ______

u = ______

u = ______

2. Berechne die fehlenden Werte für den Kreis.

	a)	b)	c)	d)	e)	f)
Radius (r)	4 cm	5 cm	20 cm	40 cm		
Durchmesser (d)					14 cm	22 cm
Umfang (u)						

3. Das Bild zeigt die Turmuhr am Big Ben in London.

a) Welchen Weg legt die Spitze des großen Zeigers in einer Stunde zurück?

A: ______

b) Welchen Weg legt die Spitze des kleinen Zeigers an einem Tag zurück?

A: ______

großer Zeiger: 4,3 m
kleiner Zeiger: 2,7 m

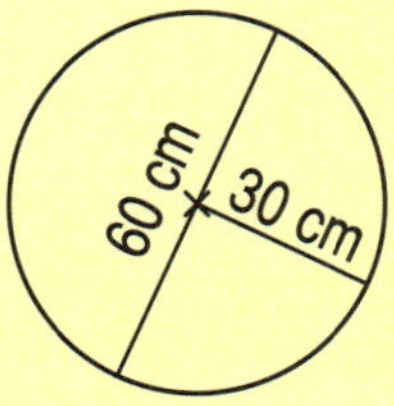

Für den Flächeninhalt des Kreises gilt:

$A = \pi \cdot r^2$

$A = 3{,}14 \cdot 30^2$

$A = 2826\ cm^2$

$30^2 = 30 \cdot 30$

Wir rechnen mit $\pi = 3{,}14$.

1. Der Radius r des Kreises ist gegeben. Berechne den Flächeninhalt A.

a) 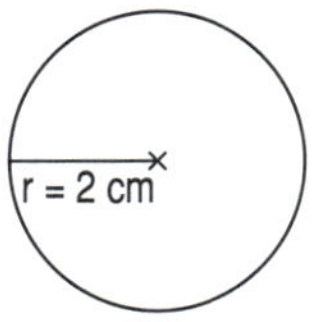

b) 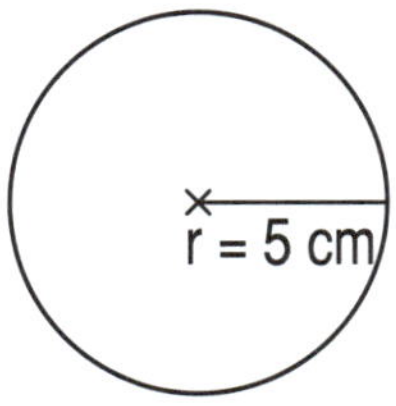

c) 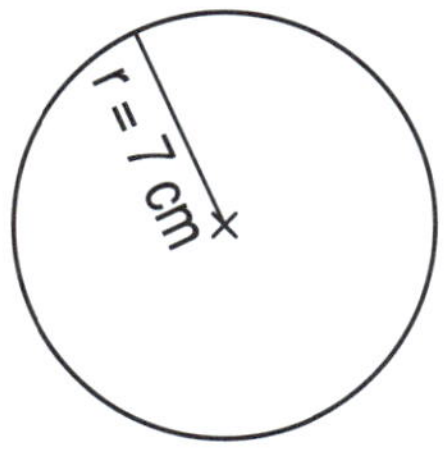

d) 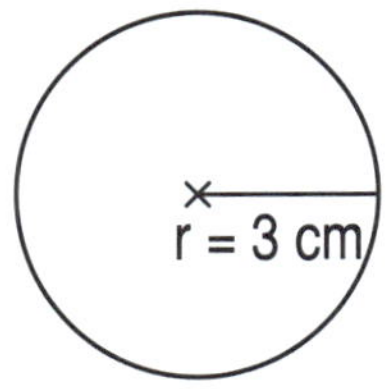

a)	b)	c)	d)
$A = \pi \cdot r^2$	A = ______	A = ______	A = ______
$A = 3{,}14 \cdot 2 \cdot 2$	A = ______	A = ______	A = ______
A = ______	A = ______	A = ______	A = ______

2. Berechne die fehlenden Werte für den Kreis.

	a)	b)	c)	d)	e)	f)
Radius (r)	5 cm	8 cm	20 cm			
Durchmesser (d)				8 cm	50 cm	62 cm
Flächeninhalt (A)						

3. Der kreisende Arm einer Bewässerungsanlage hat eine Länge von 9 m.

a) Wie viel Quadratmeter Fläche werden bewässert?

A: ______

b) Wie groß ist die Fläche, die mit einem doppelt so langen Arm bewässert wird?

A: ______

1. Auf einer Verkehrsinsel werden ein kreisrundes Blumenbeet und eine ringförmige Rasenfläche angelegt. Berechne die angegebenen Größen.

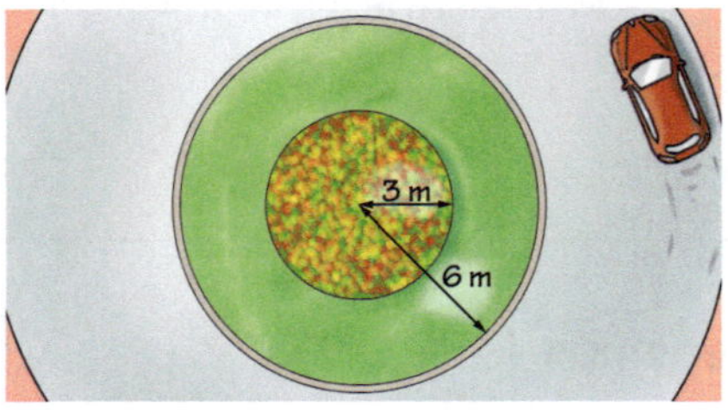

Größe der Verkehrsinsel: ______________________

Größe des Blumenbeetes: ______________________

Größe der Rasenfläche: ______________________

2. Berechne den Flächeninhalt der gefärbten Fläche.

a) 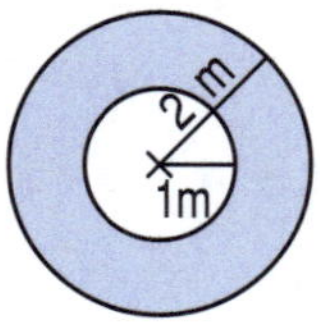

A = ____________

b) 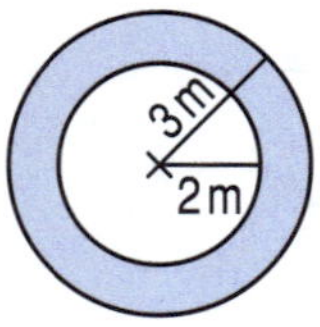

A = ____________

3. Der Radius des Kreises beträgt 4 cm. Berechne den Flächeninhalt der gefärbten Fläche.

a) 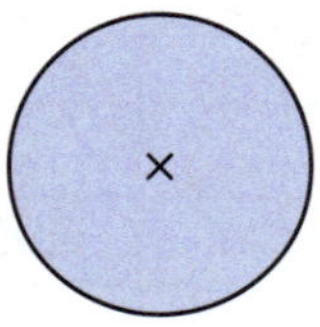

A = ____________

b) 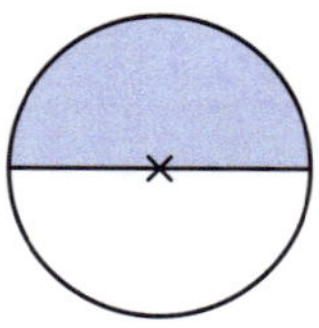

A = ____________

c) 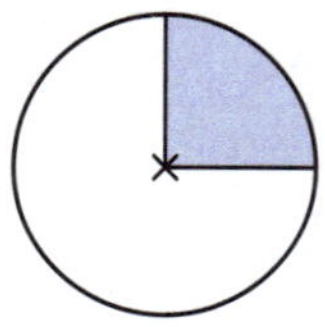

A = ____________

d) 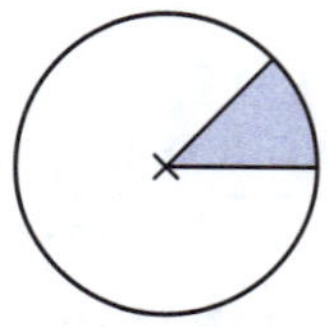

A = ____________

4. Beim Bringdienst gibt es zwei Pizza-Angebote zum gleichen Preis. Bei welchem Angebot bekommt man mehr Pizza?

Halbe Maxi-Pizza
Durchmesser 44 cm

Kleine Pizza
Durchmesser 22 cm

A: ____

1. Berechne den Flächeninhalt der gefärbten Figur.

a)

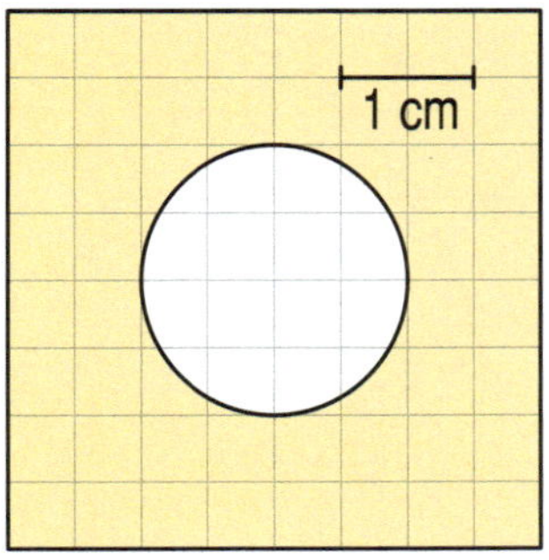

A = ______

b)

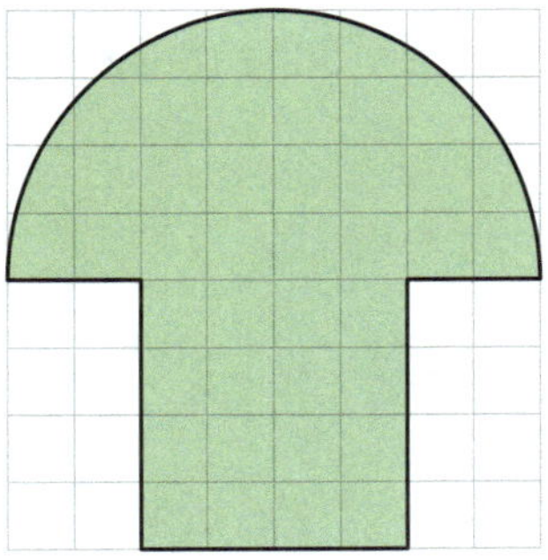

A = ______

2. Aus einem rechteckigen Blech wird ein Werkstück hergestellt. Berechne den Flächeninhalt.

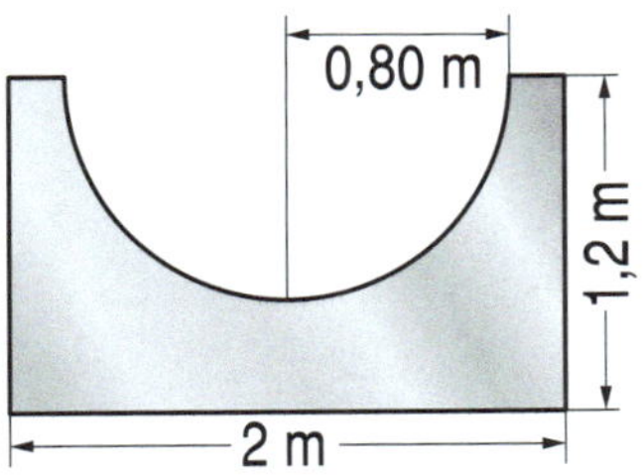

A = ______

3. Für eine Verkaufsaktion werden mehrere Dosen mit einem Band umwickelt. Ergänze die fehlenden Maße und berechne die Länge des Bandes.

a)

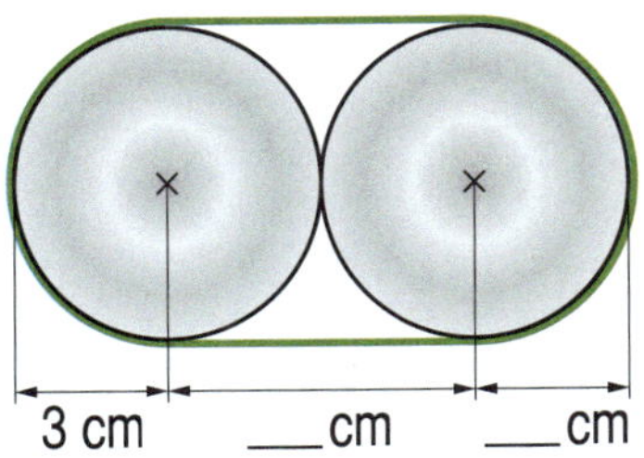

Länge des Bandes: ______

b)

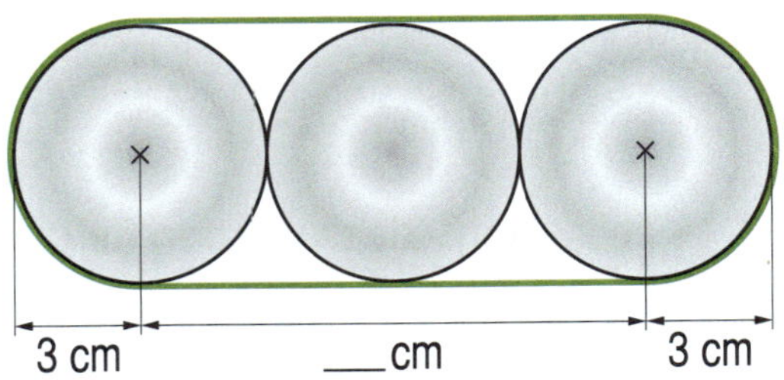

Länge des Bandes: ______

Oberfläche des Zylinders

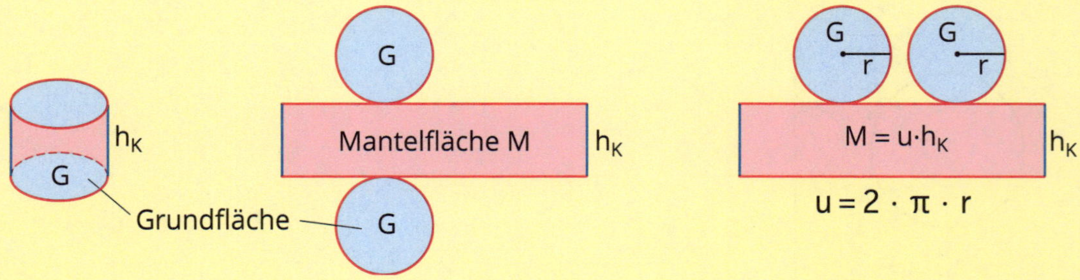

Oberfläche = 2 · Grundfläche + Mantelfläche $\quad O = 2 \cdot G + M$

1. Berechne zuerst die Grundfläche und die Mantelfläche, dann die Oberfläche des Zylinders.

a)

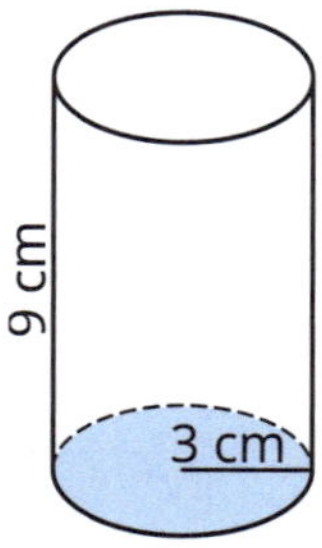

$O = 2 \cdot G + M$

O = ______

O = ______

$G = \pi \cdot r^2$ $\quad M = u \cdot h_K$

G = $\quad M = 2 \cdot \pi \cdot 3 \cdot 9$

G = $\quad$ cm^2 $\quad$ M = $\quad$ cm^2

b)

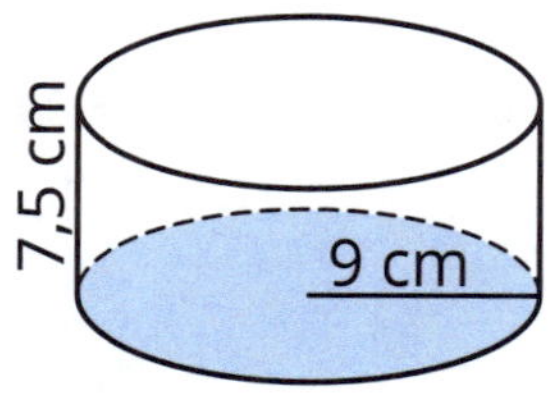

O = ______

O = ______

O = ______

G = $\quad$ M =

G = $\quad$ M =

G = $\quad$ M =

c)

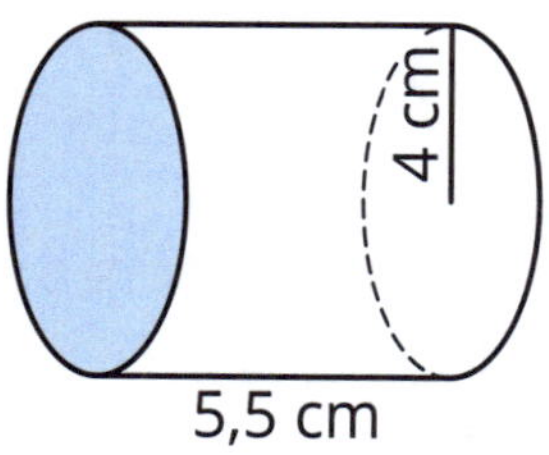

O = ______

O = ______

O = ______

G = $\quad$ M =

2. Wie viel cm^2 Blech werden für die Herstellung der Dose benötigt?

A: ______

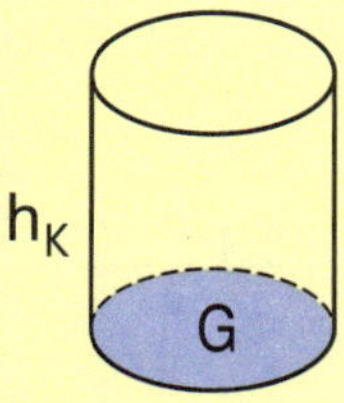

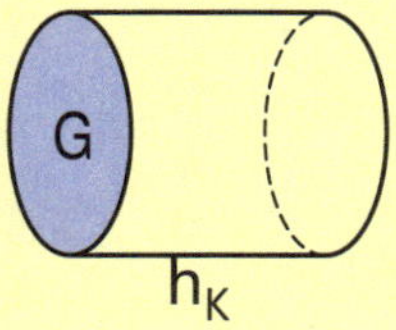

Volumen = Grundfläche · Körperhöhe

$V = G \cdot h_K$

1. Berechne zuerst die Grundfläche und dann das Volumen des Zylinders.

a)
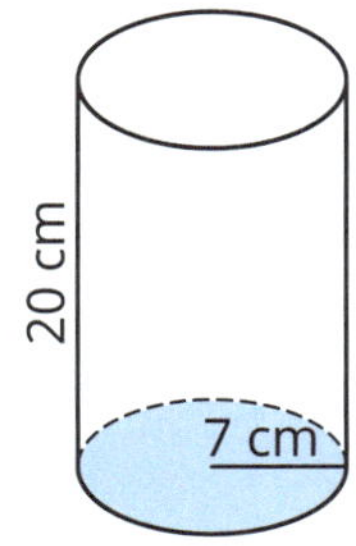

V = ______

V = ______

V = ______

$G = \pi \cdot r^2$

$G = 3{,}14 \cdot 7^2$

G = ______ cm^2

b)
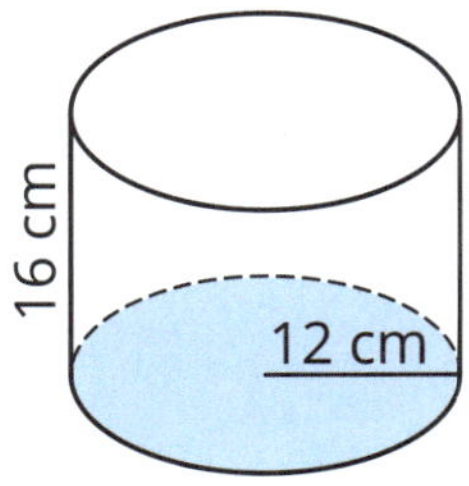

V = ______

V = ______

V = ______

G =

c)
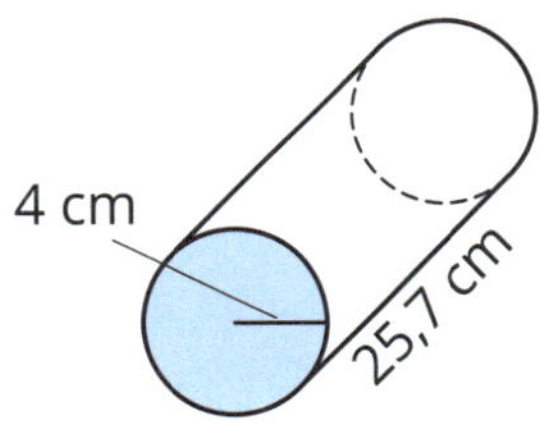

V = ______

V = ______

V = ______

G =

2. Wie viel m^3 Öl passen in den Tank?

a)

$r = 6$ m, $h_K = 13$ m

A: ______

b)

$r = 0{,}9$ m, Länge = 11 m

A: ______

1. Volumen oder Oberfläche? Was ist gesucht? Kreuze an.

	V	O
Eine Dose wird aus Blech hergestellt.		
Eine Regentonne wird geleert.		
Ein kreisrundes Silo wird mit Getreide befüllt.		
Eine Konservendose erhält eine Schutzschicht gegen Rost.		
Eine Dose wird mit Farbe gefüllt.		

2. Der Gasometer in Pforzheim ist 40 m hoch und hat einen Radius von 20 m.
Früher war er mit Gas gefüllt. Heute werden im Gebäude Ausstellungen gezeigt.
a) Berechne den Flächeninhalt der Grundfläche und den Flächeninhalt der Mantelfläche.
b) Berechne das Volumen des Gasometers.

G = ____________ M = ____________ V = ____________

3. Der kreisrunde Pool in der Ferienanlage hat einen Radius von 2 m und eine Tiefe von 1,2 m.
Er ist randvoll mit Wasser gefüllt.
Wie viel m^3 Wasser enthält der Pool?

A: ____________

4. Heu wird zum Schutz vor Nässe gepresst und in Folie verschweißt. Jeder Ballen hat einen Radius von 0,5 m und eine Körperhöhe von 1,2 m.
a) Wie viel Heu wird in den Ballen gepresst?
b) Wie viel Folie wird für einen Ballen benötigt?

A: ____________

1. Berechne das Volumen des zusammengesetzten Körpers.

a)

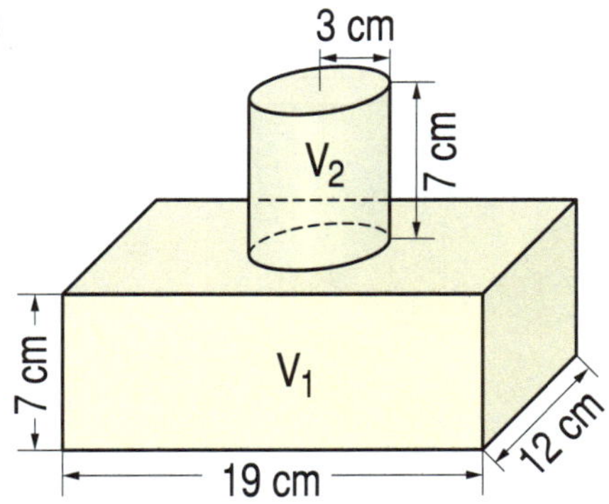

$V = V_1 + V_2$

V = ______ + ______

V = ______ cm^3

b)

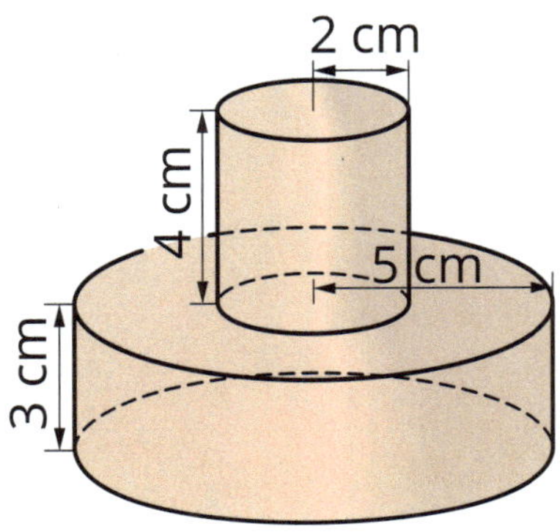

$V = V_1 + V_2$

V = ______ + ______

V = ______ cm^3

2. Aus dem Zylinder wurde ein Stück herausgebohrt. Berechne das Volumen des Restkörpers.

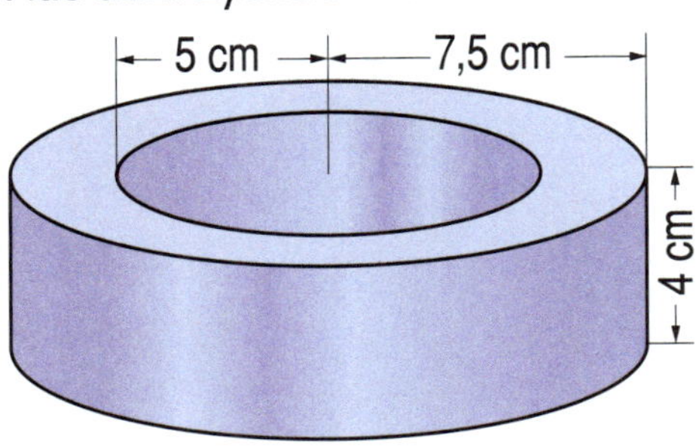

$V = V_1 - V_2$

V = ______ – ______

V = ______ cm^3

1. Berechne den Umfang und den Flächeninhalt.

a)

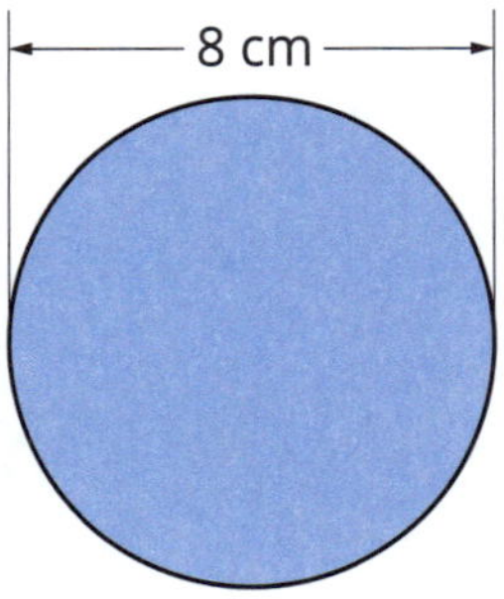

u = ______

u = ______

u = ______

A = ______

A = ______

A = ______

r = ______ cm

b)

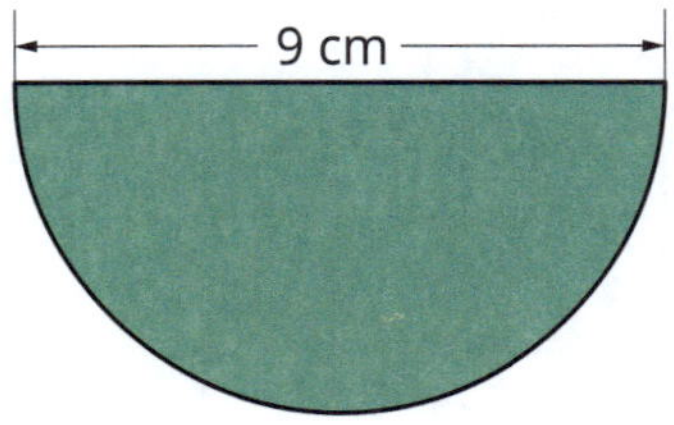

u = ______

u = ______

u = ______

A = ______

A = ______

A = ______

r = ______ cm

2. Berechne den Umfang und den Flächeninhalt der Sportanlage.

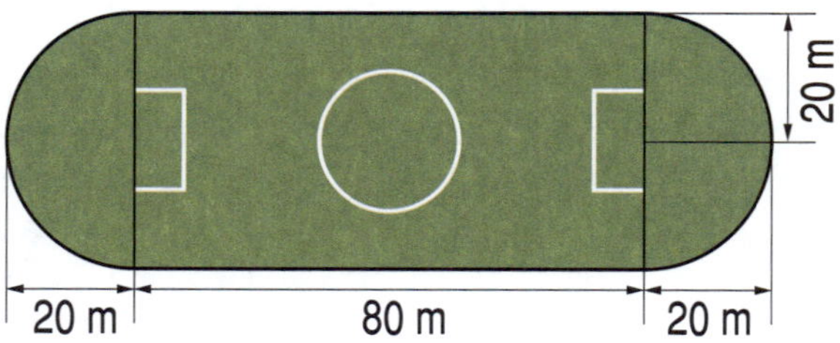

u = ______ m A = ______ m^2

3. Welches der beiden Fässer hat das größere Volumen?

A

Grundfläche: 1,15 m^2
Höhe: 0,9 m

B

Grundfläche: 0,8 m^2
Höhe: 1,25 m

A: ______

4. Getreide wird in zylinderförmigen Silos gelagert.
Berechne das Volumen und die Oberfläche eines Silos.

Radius: 4 m
Höhe: 14 m

V = ______ O = ______

8 Lineare Gleichungssysteme

1. Das unbekannte Gewicht x kannst du mit der Waage oder durch Lösen der Gleichung bestimmen. Zur Probe setzt du die gefundene Lösung in die Gleichung ein.

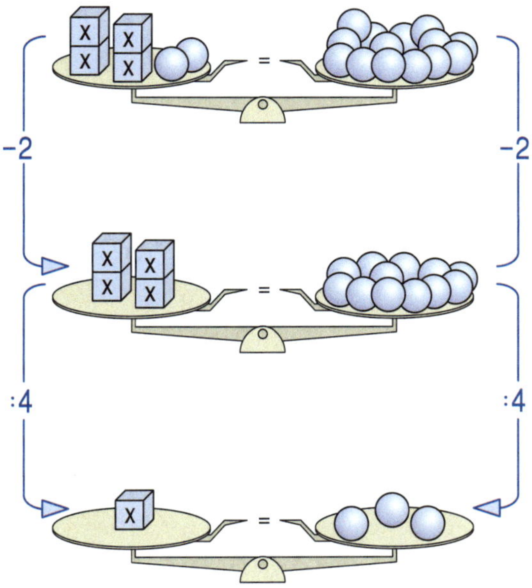

$4x + 2 = 14 \quad | -2$

$4x = 12 \quad | :4$

$x = \_\_$

Probe:

$4 \cdot \_\_ + 2 = 14$

$\_\_ + 2 = 14$

$\_\_ = 14$

2. Der Buchstabe bezeichnet eine unbekannte Zahl. Du findest die Zahl durch Lösen der Gleichung. Mache die Probe.

a) $12a + 16 = 40$

Probe:

$12 \cdot \qquad = 40$

b) $25y - 1 = 99$

Probe:

3. Auch diese Gleichungen kannst du durch Umformen lösen.

a) $10x - 70 = 20$

b) $20a - 30 = 90$

1. Löse die Gleichung. Das Ergebnis ist eine negative Zahl. Mache die Probe.

a) $7x + 22 = 8 \quad | -22$

Probe:

$7 \cdot \_\_\_ + 22 = 8$

$\_\_\_ + 22 = 8$

$\_\_\_ = 8$

b) $9y + 35 = 8$

Probe:

2. Löse die Gleichung. Das Ergebnis kann eine negative Zahl sein. Mache die Probe.

a) $8x + 25 = 9$

b) $10y + 43 = 83$

3. Fasse zusammen, dann löse die Gleichung.

a) $4x + 12 + 3x - 4 = 22$

b) $15 - 3x + 5 + 5x = 38$

4. Auch diese Gleichung kannst du lösen. Das Ergebnis ist ein Bruch.

a) $2x + 19 = 20 \quad | -19$

$2x = 1 \quad | :2$

$x =$

b) $3y + 12 = 13$

c) $4x + 18 = 21$

d) $3y + 16 = 18$

1. Löse die Gleichung wie im Beispiel.

a) $43 - 7x = 8$

Beispiel:

$$58 - 8x = 2 \quad | + 8x$$
$$58 = 2 + 8x \quad | - 2$$
$$56 = 8x \quad | : 8$$
$$7 = x$$

b) $45 - 9y = 9$

c) $79 - 6a = 7$

2. Löse die Gleichung durch Umformen.

a) $9 + 7x = 31 - 4x \quad | + 4x$

b) $26 - 7x = 5x + 2$

3. Zum Zahlenrätsel wird eine Gleichung aufgestellt. Löse die Gleichung.

Vom Dreifachen einer Zahl subtrahiere ich 7. Das Ergebnis ist das Doppelte meiner Zahl.

Die Zahl	x
Das Dreifache der Zahl	3x
Davon 7 subtrahieren	3x – 7
Das Doppelte der Zahl	2x

Gleichung: $3x - 7 = 2x$

$3x - 7 = 2x$

4. Löse das Zahlenrätsel mit Hilfe einer Gleichung.

a) Vom Vierfachen einer Zahl subtrahiere ich 8. Das Ergebnis ist das Doppelte der Zahl.

b) Zum Fünffachen einer Zahl addiere ich 6. Das Ergebnis ist das Siebenfache der Zahl.

c) Von 33 subtrahiere ich das Doppelte einer Zahl. Ich erhalte die Summe aus dem Vierfachen der Zahl und 3.

1. Wie viel Gramm wiegt jeder Gegenstand? Beachte die beiden Waagebilder.

a)

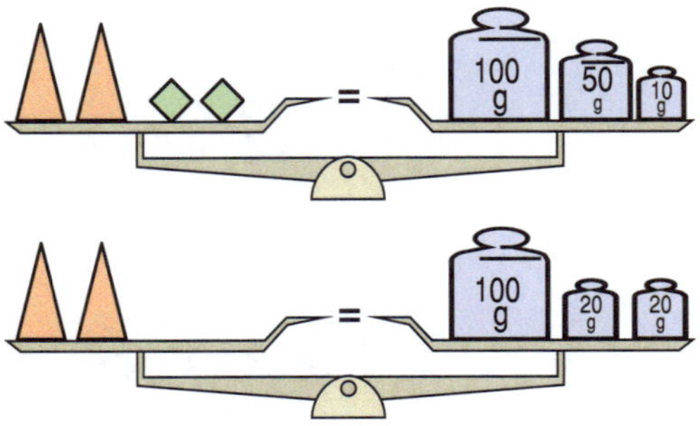

b)

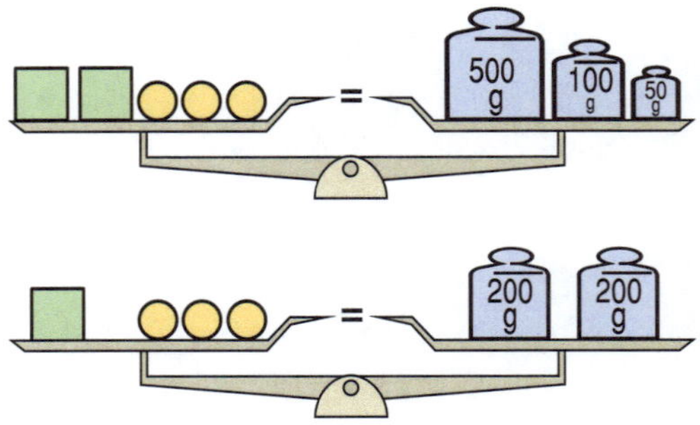

 = ______ g  = ______ g  = ______ g  = ______ g

2. Zeynep kauft eine Brezel und einen Berliner. Sie bezahlt 2,10 €.
Leon kauft eine Brezel und drei Berliner. Er bezahlt 4,90 €.
Bestimme den Preis für eine Brezel und den Preis für einen Berliner.

	Brezel	Berliner	Preis zusammen
Zeynep			2,10 €
Leon			4,90 €
Unterschied:		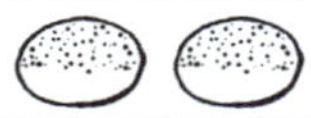	2,80 €

A: ______________________________

3. Frau Berg bezahlt für zwei Gläser Saft und drei Brötchen zusammen 4,40 €.
Herr Alt bezahlt für ein Glas Saft und drei Brötchen zusammen 3,10 €.
Vervollständige die Skizze. Wie viel kostet ein Glas Saft, wie viel kostet ein Brötchen?

	Glas Saft	Brötchen	Preis zusammen
Frau Berg			4,40 €
Herr Alt			
Unterschied:			

A: ______________________________

4. Für den Eintritt in den Tierpark bezahlt Familie Ünsal (zwei Erwachsene, ein Kind) 19 €.
Familie Merz (zwei Erwachsene, drei Kinder) bezahlt 29 €.
Vervollständige die Skizze. Bestimme die Eintrittspreise für Erwachsene und für Kinder.

	Erwachsene	Kinder	Preis zusammen
			19 €
Unterschied:			

A: ______________________________

1. In der Spardose sind 30 €. Es sind 1-€-Münzen und 2-€-Münzen, insgesamt 18 Münzen. Wie viele Münzen jeder Sorte sind es? So stellst du zu der Aufgabe zwei Gleichungen auf:

x: Anzahl der 1-€-Münzen
y: Anzahl der 2-€-Münzen
Gesamtbetrag: $1 \cdot x + 2 \cdot y = 30$
Gesamtzahl der Münzen: $x + y = 18$s

Du kannst die Lösung durch Probieren finden oder die untere Gleichung von der oberen subtrahieren. So findest du zuerst y. Dann kannst du x bestimmen.

x (1 €)	y (2 €)	$1 \cdot x + 2 \cdot y$	= 30?
9	9	$1 \cdot 9 + 2 \cdot 9 = 27$	falsch
8	10	$1 \cdot 8 + 2 \cdot 10 = 28$	falsch
7	11		

$1 \cdot x + 2 \cdot y = 30$
$- \; 1 \cdot x + 1 \cdot y = 18$
$y = 12$
$x + 2 \cdot 12 = 30$
$x =$

A: ______

2. In einem Gasthof gibt es 1-Bett-Zimmer und 2-Bett-Zimmer. Insgesamt sind es 12 Zimmer mit insgesamt 19 Betten. Wie viele Zimmer jeder Sorte sind es? Wähle deinen Lösungsweg.

x: Anzahl der 1-Bett-Zimmer
y: Anzahl der 2-Bett-Zimmer
Gesamtzahl der Betten: $1 \cdot x + 2 \cdot y = 19$
Gesamtzahl der Zimmer: $x + y = 12$

x (1 Bett)	y (2 Betten)	$1 \cdot x + 2 \cdot y$	= 19?
8	4		
7			

$1 \cdot x + 2 \cdot y = 19$
$- \; 1 \cdot x + 1 \cdot y = 12$

A: ______

3. Im Kühlregal steht Milch in 1-ℓ-Packungen und in 2-ℓ-Packungen. Es sind 62 Packungen mit insgesamt 90 ℓ Milch. Wie viele Packungen jeder Sorte sind es?

x: Anzahl der 1-ℓ-Packungen
y: Anzahl der 2-ℓ-Packungen
Gesamtzahl der Liter Milch: $1 \cdot x + 2 \cdot y = 90$
Gesamtzahl der Packungen: $x + y = 62$

A: ______

1. Löse die Gleichung. Das Ergebnis kann eine negative Zahl sein.

a) $6x + 53 = 5$

b) $9x - 12 = 24$

c) $12x - 4 = 44$

d) $8y - 16 = 8$

e) $7y + 32 = 11$

f) $15y + 3 = 48$

2. Fasse zusammen, dann löse die Gleichung.

a) $3x + 14 + 5x - 5 = 49$

b) $17 - 2x + 8 + 6x = 49$

3. Löse die Gleichung durch Umformen.

a) $9x + 5 = 7x + 17$

b) $28 - 8x = 3x + 6$

4. Löse das Zahlenrätsel mit Hilfe einer Gleichung.

a)

b)

c)

9 Daten und Zufall

1. Das Glücksrad wurde 100-mal gedreht. Zu den Ergebnissen wurde eine Strichliste erstellt.

rot	gelb	blau	grün
𝍸 𝍸 𝍸 𝍸 III	𝍸 𝍸 𝍸	𝍸 𝍸 𝍸 𝍸 𝍸 𝍸 𝍸	𝍸 𝍸 𝍸 𝍸 𝍸 II

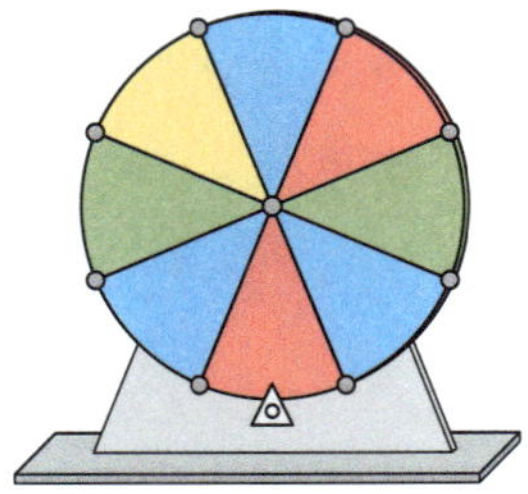

a) Entnimm der Strichliste die absoluten Häufigkeiten und trage sie in die Tabelle ein.

Ergebnis	rot	gelb	blau	grün
absolute Häufigkeit	23			
relative Häufigkeit	0,23			

b) Die relative Häufigkeit für „rot“ ist $\frac{23}{100} = 0{,}23$. Trage auch für die übrigen Ergebnisse die relativen Häufigkeiten als Dezimalzahl in die Tabelle ein.

2. Jedes Glücksrad wurde 100-mal gedreht.

a) Lies die absoluten Häufigkeiten für das Glücksrad A im Balkendiagramm ab und trage sie in die Tabelle ein.

b) Stelle die absoluten Häufigkeiten für das Glücksrad B im Balkendiagramm dar.

c) Trage in die Tabellen die relativen Häufigkeiten der Ergebnisse ein.

Glücksrad A

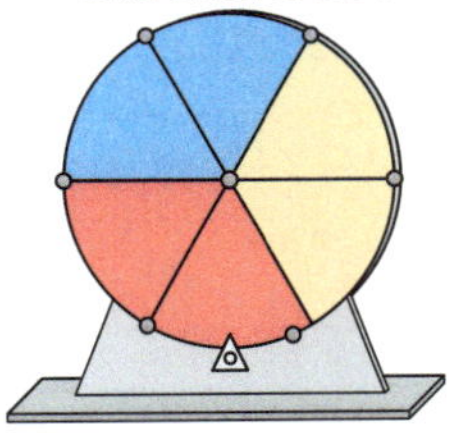

Glücksrad B

Ergebnis	rot	gelb	blau
absolute Häufigkeit			
relative Häufigkeit			

Ergebnis	rot	gelb	blau
absolute Häufigkeit	27	35	38
relative Häufigkeit			

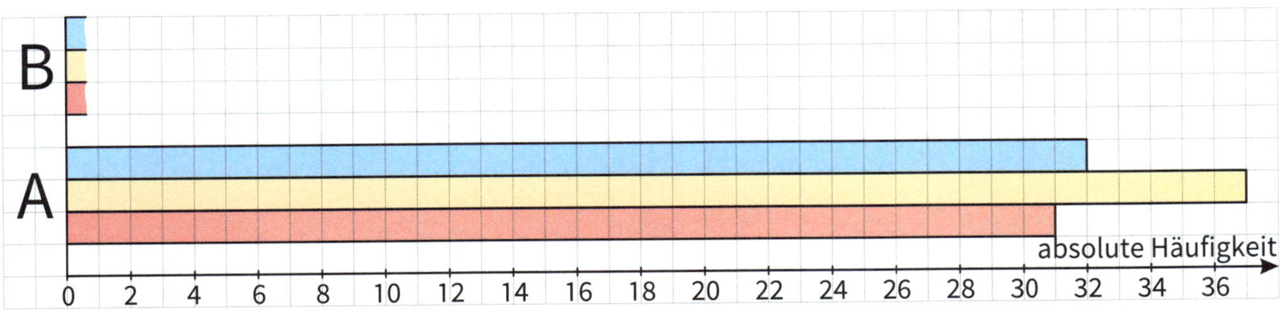

d) „Rot gewinnt!“ Für welches Glücksrad entscheidest du dich? Begründe.

A: ______________________________

1. In der Tabelle stehen die Monatsverdienste der 5 Mitarbeiter zweier Betriebe.

Tischlerei Laufenberg	Frau Arp	Herr Lind	Herr Orth	Herr Oruc	Herr Salm	Mittelwert
	2100 €	760 €	3900 €	2400 €	840 €	
Friseursalon Sand	Herr Fink	Frau Lau	Frau Rezi	Frau Sand	Frau Wong	Mittelwert
	850 €	1400 €	1800 €	2900 €	750 €	

a) Berechne jeweils den Mittelwert (Durchschnitt). Trage ihn in die Tabelle ein.

b) Ordne die Werte in einer Rangliste. Der mittlere Wert in der Rangliste ist der Median.
Die Spannweite ist die Differenz zwischen dem größten und dem kleinsten Wert.
Gib jeweils den Median und die Spannweite an.

Tischlerei Laufenberg

Rangliste: 760 € 840 € 2100 € 2400 € 3900 €
↑
Median: ______ Spannweite: ______

Friseursalon Sand

Rangliste: ______ ______ ______ ______ ______

Median: ______ Spannweite: ______

2. So hoch ist der Monatsverdienst der Angestellten einer Autowerkstatt:

Herr Renz	Frau Ponta	Herr Sinn	Frau Blau	Herr Koop	Herr Bielak	Mittelwert
2200 €	2350 €	850 €	2000 €	1600 €	3000 €	

a) Bestimme den Mittelwert. Trage ihn in die Tabelle ein.
b) Ordne die Werte zu einer Rangliste.

______ ______ ______ ______ ______ ______
↑

c) Bei einer geraden Anzahl von Werten ist der Median der Mittelwert der beiden Werte in der Mitte der Rangliste. Bestimme den Median und die Spannweite.

Median: ______ Spannweite: ______

Die Zahl der Auszubildenden in den einzelnen Ausbildungsbereichen ist unterschiedlich. In der Tabelle stehen auf Zehntausender gerundete Zahlen.

	Industrie und Handel	Handwerk	Sonstige	Gesamtzahl
Auszubildende am 31.12.		380000	190000	
Davon im 1. Ausbildungsjahr		140000	70000	

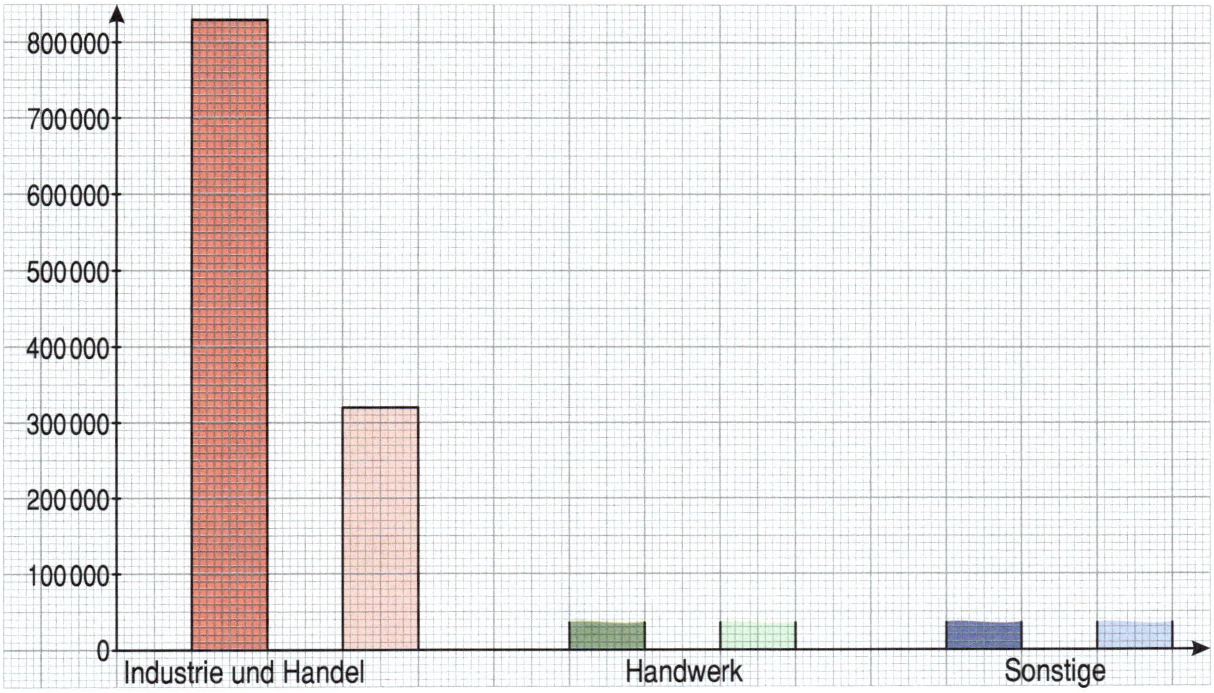

1. a) Lies die Zahlen für Industrie und Handel im Diagramm ab. Trage sie in die Tabelle ein.
b) Ergänze die fehlenden Säulen im Diagramm.
c) Berechne jeweils die Gesamtzahl und trage sie in die Tabelle ein.

2. Wahr oder falsch? Kreuze an.

	wahr	falsch
a) Mehr als die Hälfte aller Auszubildenden im Handwerk war im 1. Ausbildungsjahr.		
b) In Industrie und Handel gab es mehr als doppelt so viele Auszubildende wie im Handwerk.		
c) Mehr als ein Drittel der Auszubildenden in Industrie und Handel war im 1. Ausbildungsjahr.		
d) Die Zahl der Auszubildenden in Industrie und Handel war größer als die Anzahl aller anderen Auszubildenden zusammen.		

3. Nur in einem der drei Kreisdiagramme sind die Anteile der Auszubildenden in den drei Bereichen an der Gesamtzahl richtig dargestellt. Färbe dieses Diagramm passend zur Tabelle.

A
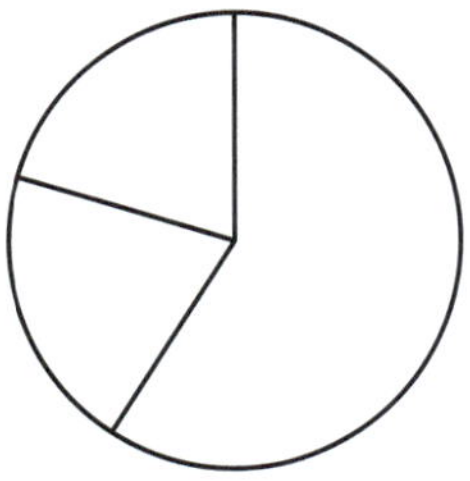

B
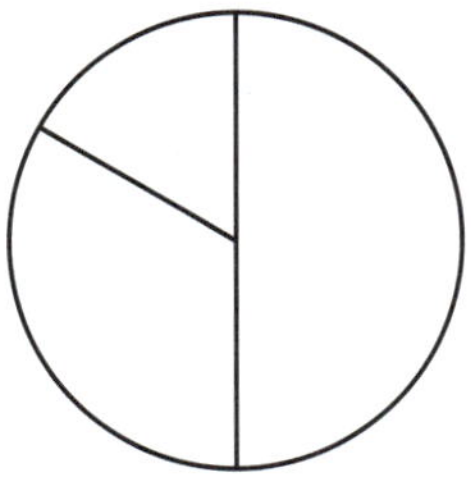

C
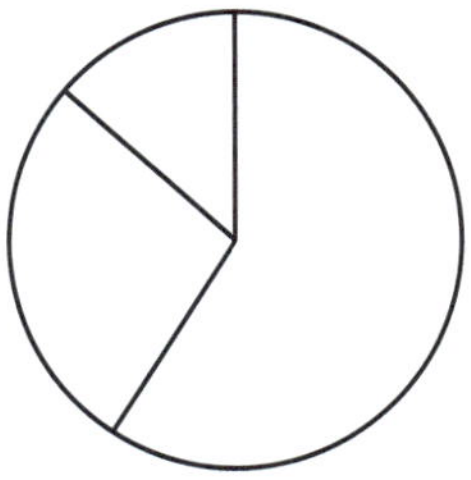

1. Der Jugendtreff 4U hatte in diesem Jahr doppelt so viele Besucher wie im Jahr davor. Zu den Besucherzahlen wurden Säulendiagramme erstellt.

a) Nur in zwei Darstellungen ist der Flächeninhalt der gelben Säule doppelt so groß wie der Flächeninhalt der blauen Säule. Kreuze an.

○ 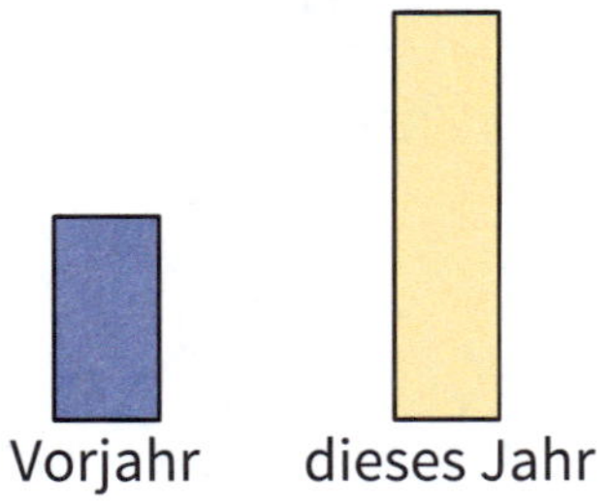

○ 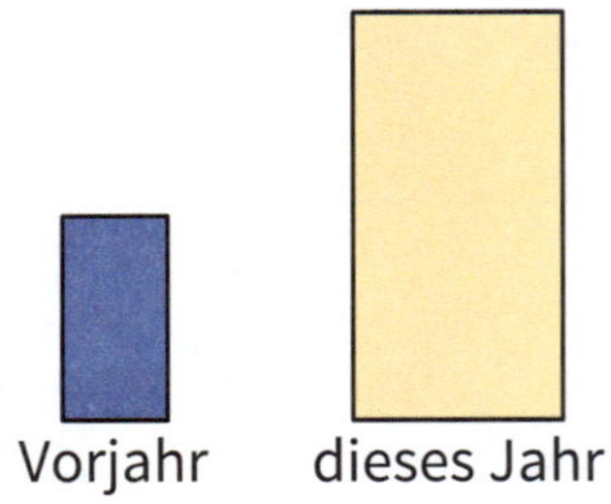

○ 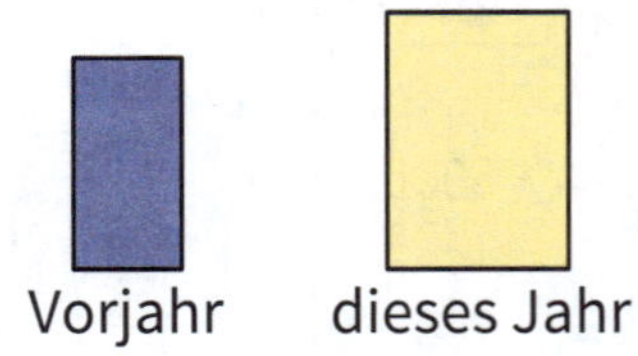

b) Eine der Darstellungen legt nahe, dass sich die Besucherzahlen mehr als verdoppelt haben. Wie viel mal so groß wie im Vorjahr werden die Zahlen für dieses Jahr dargestellt? Kreuze an.

○ dreimal so groß ○ viermal so groß ○ fünfmal so groß

2. In der Tabelle steht, wie viele Jugendliche aus verschiedenen Altersgruppen am Wochenende im Jugendtreff 4U waren.

12–14 Jahre	14–16 Jahre	16–18 Jahre	älter als 18 Jahre	insgesamt
15	15	20	10	
$\frac{1}{4}$				

a) Wie viele Jugendliche waren es insgesamt? Vervollständige die Tabelle.
b) Ergänze in der Tabelle die Anteile der Altersgruppen an der Gesamtzahl.
c) In welchem der drei Diagramme erkennst du die Anteile am besten? Kreuze an.

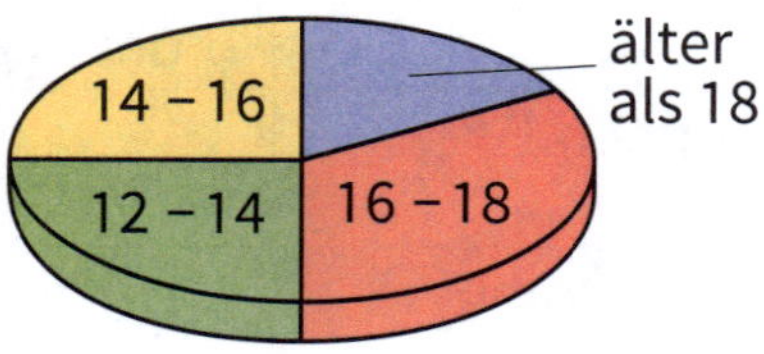

○

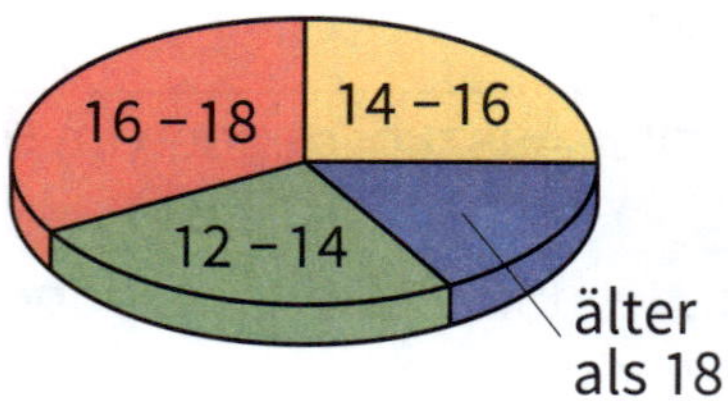

○

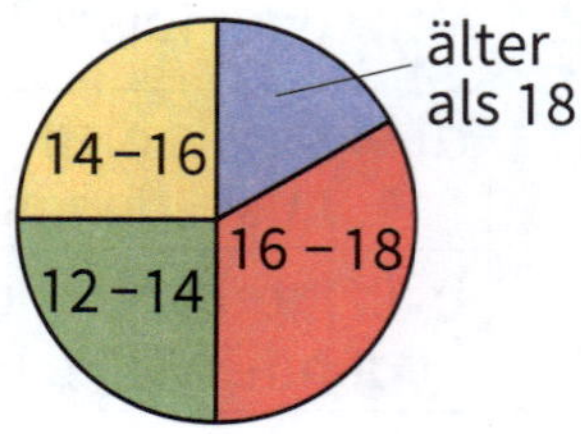

○

d) Woran liegt es, dass in einem der Diagramme der grüne und der gelbe Anteil verschieden groß erscheinen?

A: ______________________________

e) Stelle die Anteile in einem Streifendiagramm dar.

1.

Zahl der Fahrraddiebstähle kaum gestiegen
Wie unser Diagramm zeigt, hat sich in den letzten 5 Jahren die Zahl der Fahrraddiebstähle in unserer Stadt kaum erhöht.

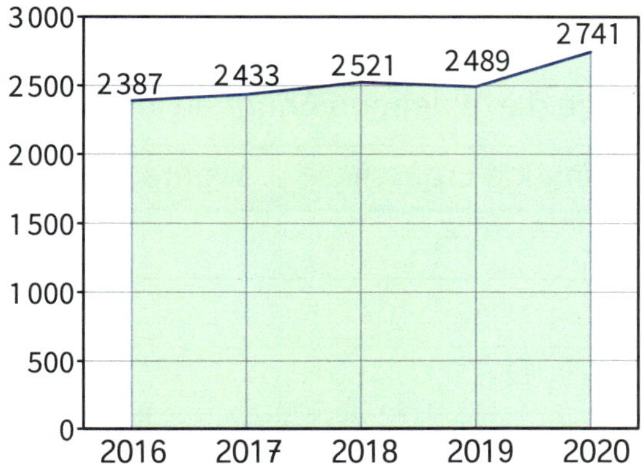

Zahl der Fahrraddiebstähle steigt stark an
Die Zahl der Fahrraddiebstähle in unserer Stadt hat in den letzten 5 Jahren dramatisch zugenommen. Dies ist unserem Diagramm zu entnehmen.

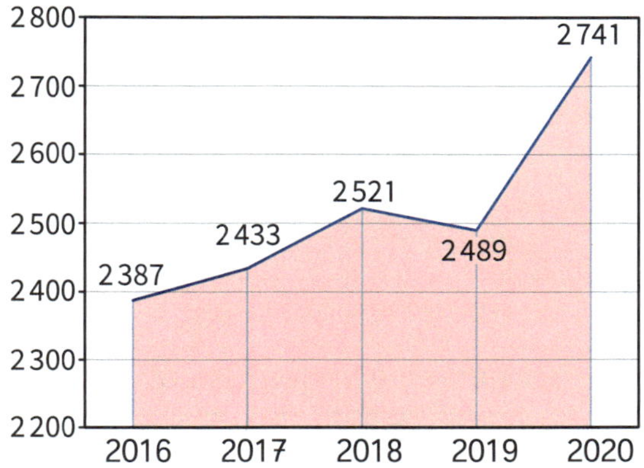

Lies die Zeitungsmeldungen. Woran liegt es, dass in beiden Diagrammen die Zunahme der Fahrraddiebstähle unterschiedlich groß erscheint?

A: ______________________________

____

2. Das Diagramm soll darstellen, wie viele Leserbriefe die Jugendzeitschrift *Eure Welt* abgedruckt hat. Erstelle ein Diagramm, das die Zunahme der Zahl abgedruckter Leserbriefe richtig darstellt. Schreibe dazu eine Überschrift für eine Zeitungsmeldung.

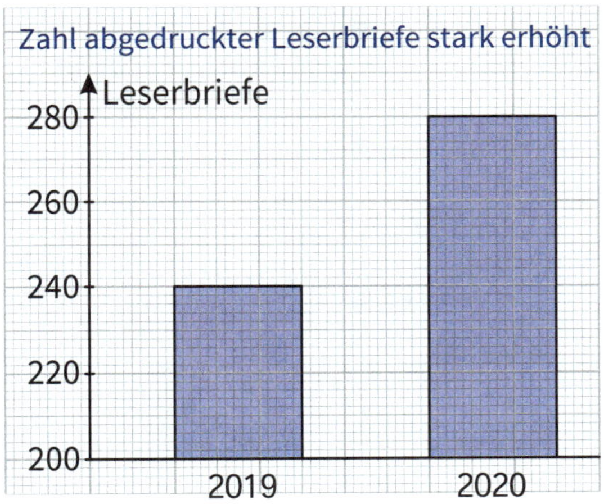

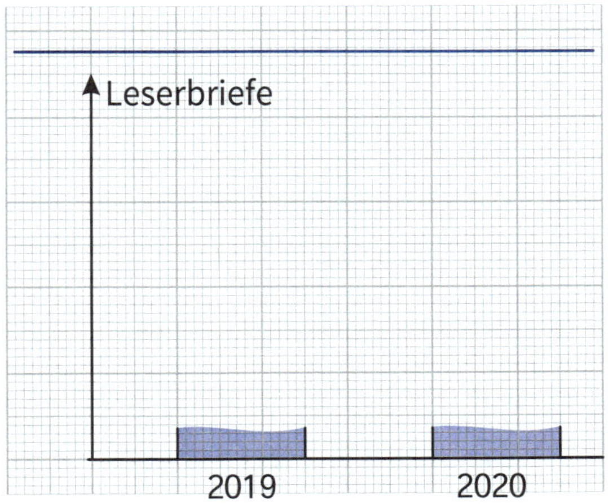

3. Im Jahr 2019 gab es in der Ortsdurchfahrt von Launau 176 Geschwindigkeitsverstöße.
Im Jahr 2020 waren es nur noch 118 Verstöße
Welches Diagramm stellt den Rückgang realistisch dar? Kreuze an.

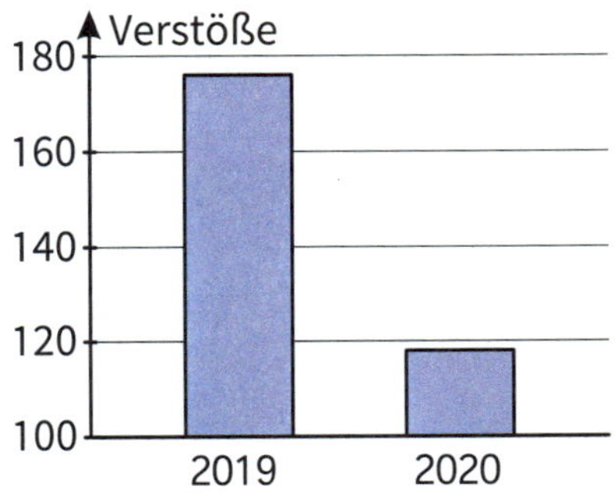

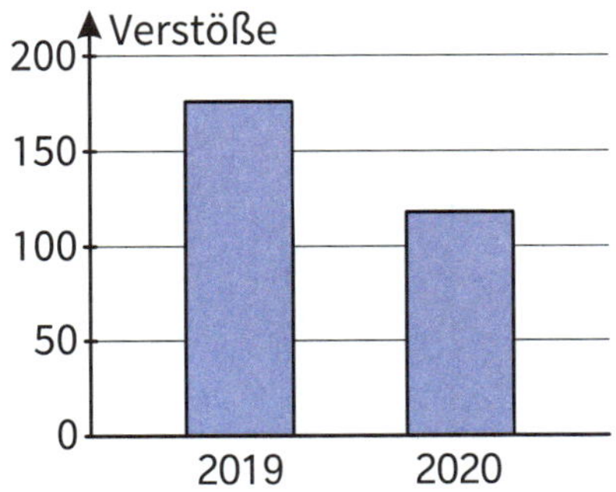

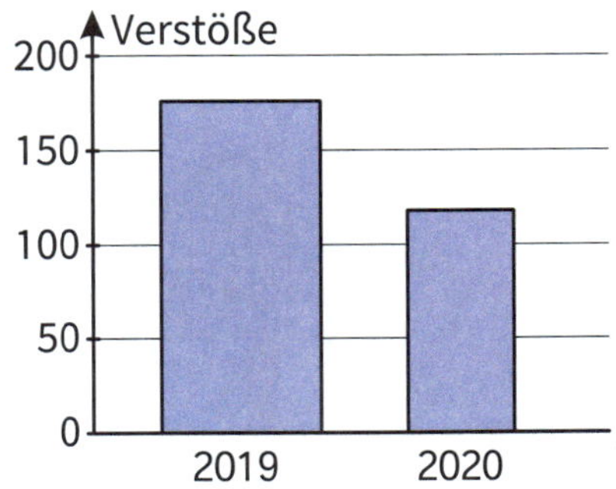

Sind alle Ergebnisse eines Zufallsexperiments gleich wahrscheinlich, so gilt für die Wahrscheinlichkeit P:

$$P(\text{Ereignis}) = \frac{\text{Anzahl der günstigen Ergebnisse}}{\text{Anzahl aller Ergebnisse}}$$

1. Laura würfelt einmal mit einem Spielwürfel. Ergänze die fehlenden Angaben in der Tabelle.

	Ereignis	Günstige Ergebnisse	Wahrscheinlichkeit
a)	Es wird eine 3 oder eine 5 gewürfelt.	3; 5	$\frac{2}{6}$
b)	Es wird eine 4 gewürfelt.		
c)	Es wird eine ungerade Zahl gewürfelt.		
d)	Es wird eine Zahl kleiner als 5 gewürfelt.		
e)	Es wird eine Zahl größer als 0 gewürfelt.		
f)	Es wird eine Zahl kleiner als 8 gewürfelt.		

2. Aus verschiedenen Beuteln wird eine Kugel gezogen. Ergänze die Wahrscheinlichkeiten in der Tabelle.

a)	Die gezogene Kugel ist blau.	$\frac{3}{8}$		
b)	Die gezogene Kugel ist rot.			
c)	Die gezogene Kugel ist gelb.			
d)	Die gezogene Kugel ist gelb oder rot.			
e)	Die gezogene Kugel ist blau oder gelb.			
f)	Die gezogene Kugel ist nicht blau.			

3. Jedes Glücksrad ist in gleich große Felder eingeteilt. Die Felder sollen rot oder blau gefärbt werden. Die Wahrscheinlichkeit für „rot" ist jeweils angegeben. Färbe entsprechend. Ergänze die Wahrscheinlichkeit für „blau".

a) $P(\text{rot}) = \frac{2}{5}$

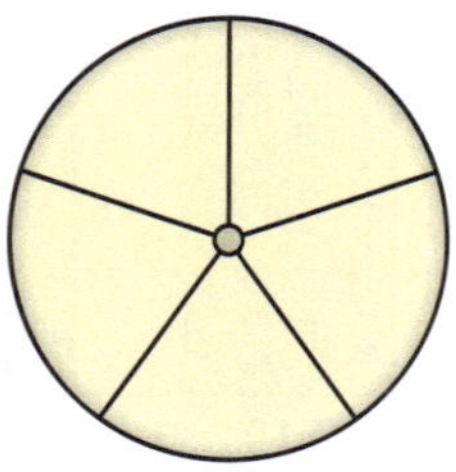

P(blau) =

b) $P(\text{rot}) = \frac{5}{6}$

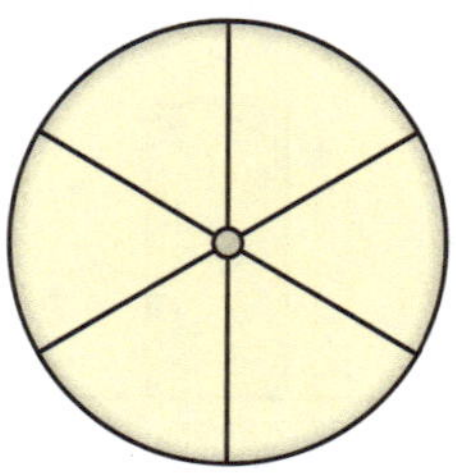

P(blau) =

c) $P(\text{rot}) = \frac{3}{8}$

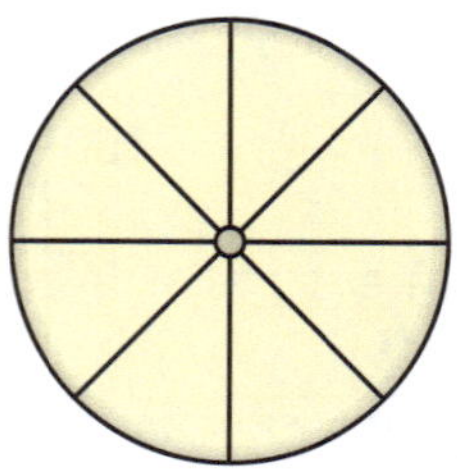

P(blau) =

d) $P(\text{rot}) = \frac{1}{2}$

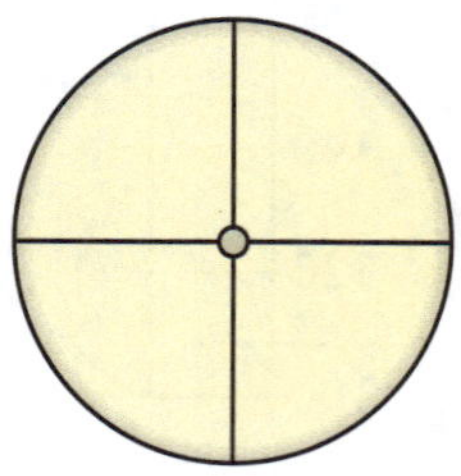

P(blau) =

1. Laura zieht eine Kugel aus dem Beutel, notiert die Zahl und legt die Kugel zurück. Dann zieht sie erneut eine Kugel und notiert die Zahl. Das Baumdiagramm zeigt die verschiedenen Möglichkeiten für die erste und die zweite Zahl, die Laura erhalten kann.

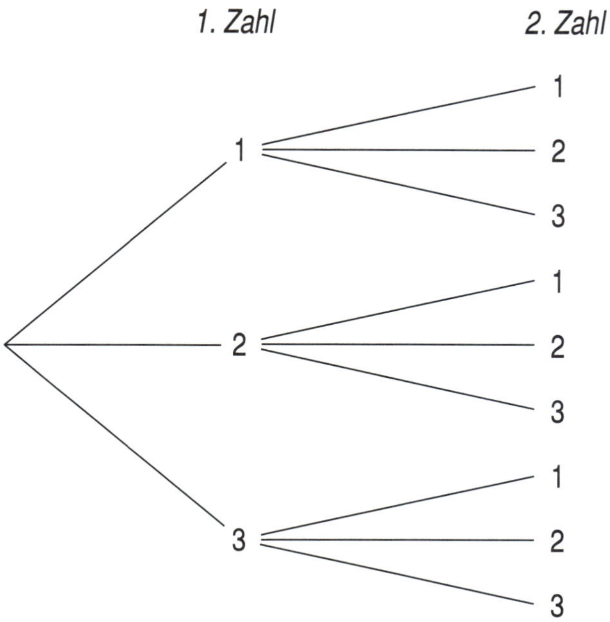

Ergebnisse

(1;1)

(1;2)

(1;3)

(2;1)

______

______

______

______

______

a) Ergänze die fehlenden Ergebnisse.

b) Die Ergebnisse sind gleich wahrscheinlich. Wie groß ist jeweils die Wahrscheinlichkeit?

A: ____________________

c) Trage für jedes Ereignis die günstigen Ergebnisse ein. Dann bestimme die Wahrscheinlichkeit.

Ereignis: Die erste Zahl ist 1.
Günstige Ergebnisse:
(1;1), (1;2), (1;3)
P(Ereignis) = $\frac{\ }{9}$

Ereignis: Die zweite Zahl ist 3.
Günstige Ergebnisse:
____
P(Ereignis) =

Ereignis: Die zweite Zahl ist 1.
Günstige Ergebnisse:
____
P(Ereignis) =

Ereignis: Beide Zahlen sind gleich.
Günstige Ergebnisse:
____
P(Ereignis) =

Ereignis: Die Summe der beiden Zahlen ist 3.
Günstige Ergebnisse:
____
P(Ereignis) =

Ereignis: Die Summe der beiden Zahlen ist kleiner als 5.
Günstige Ergebnisse:
____
P(Ereignis) =

1.

Lisa und Kenan drehen die Glücksräder und notieren die Zahlen, welche die Zeiger nach dem Stehenbleiben anzeigen. Das Baumdiagramm zeigt die verschiedenen Ergebnisse, die sie dabei erhalten können.

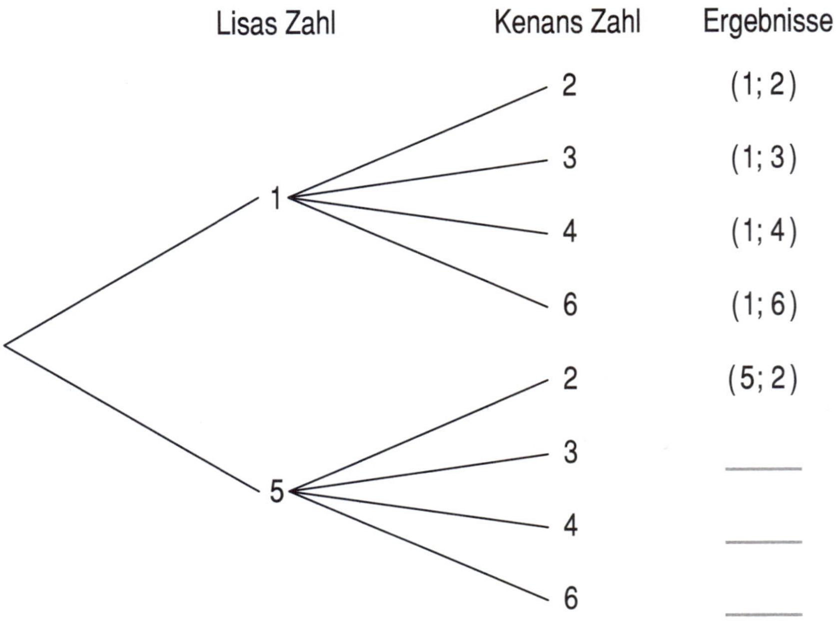

a) Ergänze die fehlenden Ergebnisse.

b) Die Ergebnisse sind gleich wahrscheinlich. Wie groß ist jeweils die Wahrscheinlichkeit?

A: ______________________________

c) Trage für jedes Ereignis die günstigen Ergebnisse ein. Dann bestimme die Wahrscheinlichkeit.

Ereignis: Die zweite Zahl ist 4.
Günstige Ergebnisse:
(1;4), (5;4)
P(Ereignis) = $\frac{\quad}{8}$

Ereignis: Die erste Zahl ist 5.
Günstige Ergebnisse:
____
P(Ereignis) =

Ereignis: Die zweite Zahl ist größer als die erste Zahl.
Günstige Ergebnisse:
____
P(Ereignis) =

Ereignis: Die erste Zahl ist größer als die zweite Zahl.
Günstige Ergebnisse:
____
P(Ereignis) =

Ereignis: Die Summe der beiden Zahlen ist 7.
Günstige Ergebnisse:
____
P(Ereignis) =

Ereignis: Die Summe der beiden Zahlen ist kleiner als 6.
Günstige Ergebnisse:
____
P(Ereignis) =

1. a) Schreibe die fehlenden Kombinationen auf, die am Aktionstag bestellt werden können.

Cafe & Bistro

Aktionstag
Ein Warmgetränk
+ ein Stück Kuchen
für nur 2,90 €

Warmgetränke
Kaffee, **T**ee, **C**appuccino

Kuchen
Schokotorte,
Obstkuchen,
Rosinenkuchen

Warmgetränk | Kuchen | Kombination

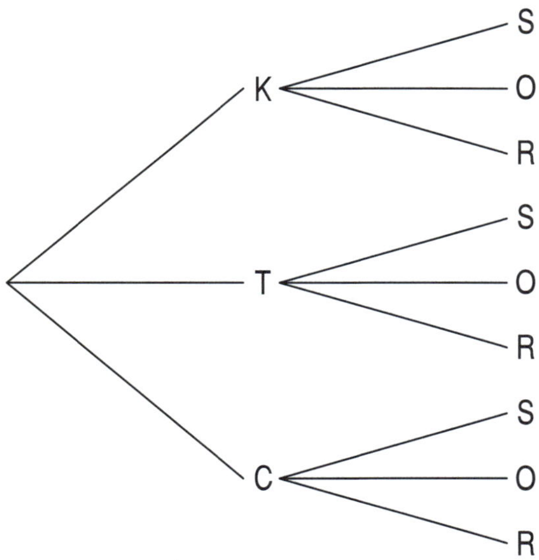

(K;S)
(K;O)
____
____
____
____
____
____
____

b) Ergänze die fehlenden Zahlen.

Es gibt ____ Warmgetränke und ____ Kuchen.

Also gibt es ____ · ____ = ____ Kombinationen.

2. a) Schreibe die fehlenden Möglichkeiten für ein Menü auf.

Wählen Sie Ihr Menü!
Eine Vorspeise
+ ein Hauptgericht
für nur 6,80 €

Vorspeisen
Pastete, **S**alat

Hauptgerichte
Fisch,
Hamburger,
Lasagne

Vorspeise | Hauptgericht | Menü

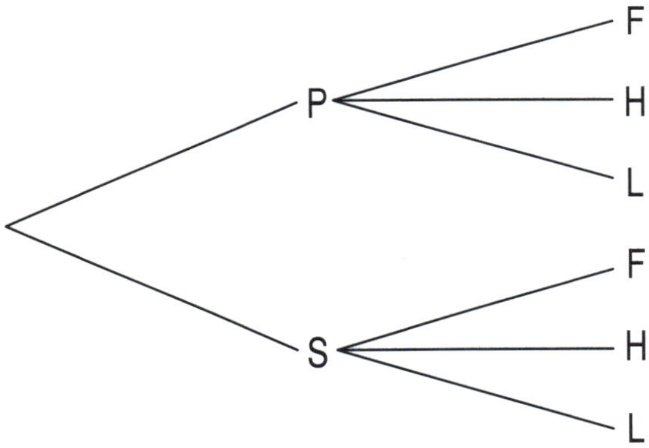

(P;F)
____
____
____
____
____

b) Ergänze die fehlenden Zahlen.

Es gibt ____ Vorspeisen und ____ Hauptgerichte.

Also gibt es ____ · ____ = ____ Menüs.

c) Gegen Aufpreis kann man zum Menü noch einen Nachtisch wählen. Drei stehen zur Auswahl. Wie viele Menüs aus Vorspeise, Hauptgericht und Nachtisch gibt es?

R: ____ · ____ · ____ = ____

A: ____

3. Ein Fuhrunternehmen hat 4 Zugmaschinen und 8 Anhänger. Wie viele verschiedene Lastzüge aus einer Zugmaschine und einem Anhänger können zusammengestellt werden?

R: ____

A: ____

1. So hoch ist der Monatsverdienst der sechs Mitarbeiter des Malerbetriebs Kowalski.

Herr Rand	Herr Stahl	Frau Mau	Herr Leng	Herr Ben Ali	Frau Dini	Mittelwert
2000 €	750 €	2100 €	1400 €	1800 €	2750 €	

a) Bestimme den Mittelwert und trage ihn in die Tabelle ein.
b) Ordne alle 6 Werte zu einer Rangliste. Dann bestimme den Median und die Spannweite.

___ ___ ___ ___ ___ ___

Median: ______ Spannweite: ______

2. Jugendliche wurden gefragt: Wie viele Stunden in der Woche treibst du Sport? Welches Diagramm stellt die Zahlen der Tabelle richtig dar? Kreuze an.

weniger als 3 Std.	30
zwischen 3 Std. und 7 Std.	150
mehr als 7 Std.	60

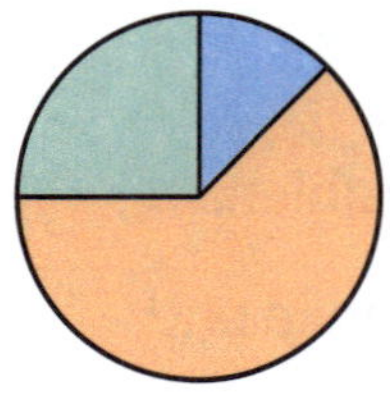
○

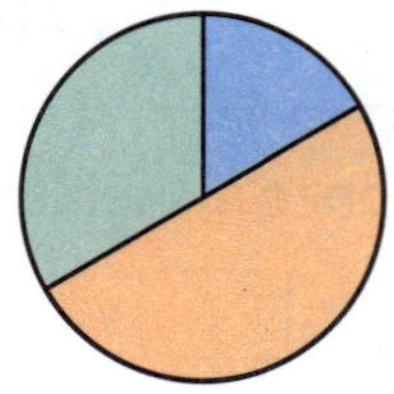
○

3. Jedes Glücksrad ist in gleich große Felder eingeteilt. Die Felder sollen rot oder blau gefärbt werden. Die Wahrscheinlichkeit für „rot" ist jeweils angegeben. Färbe entsprechend. Ergänze die Wahrscheinlichkeit für „blau".

a) $P(\text{rot}) = \frac{3}{4}$

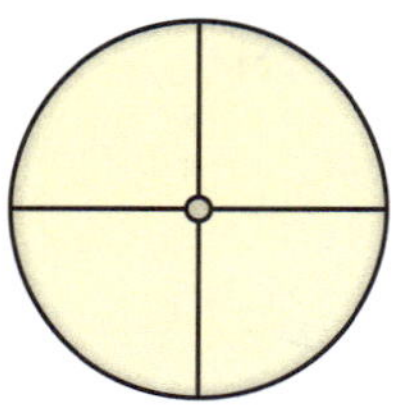

P(blau) =

b) $P(\text{rot}) = \frac{5}{8}$

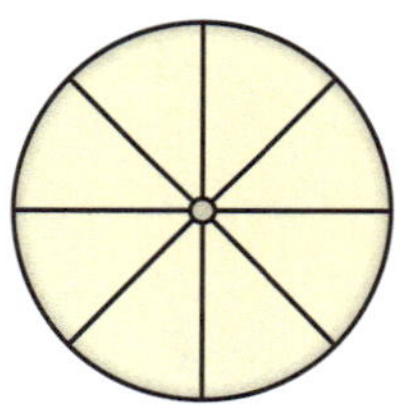

P(blau) =

c) $P(\text{rot}) = \frac{1}{6}$

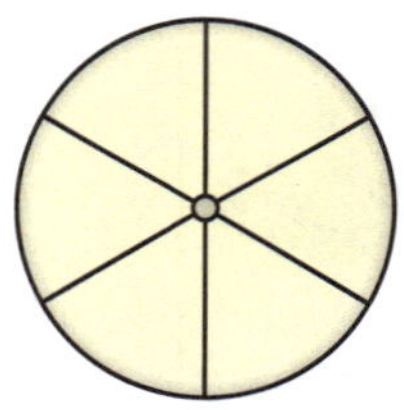

P(blau) =

d) $P(\text{rot}) = \frac{2}{3}$

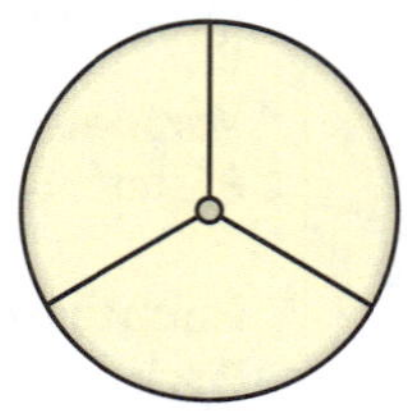

P(blau) =

4.

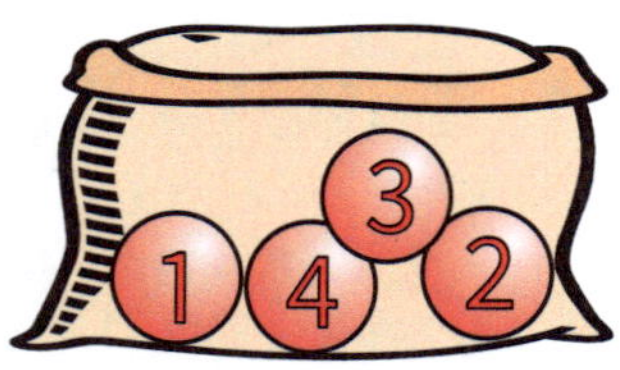

Aus dem Beutel wird eine Kugel gezogen. Die Zahl wird notiert und die Kugel wird in den Beutel zurückgelegt. Dann wird erneut eine Kugel gezogen und die Zahl notiert.

a) Ergänze die fehlenden Ergebnisse.

(1; 1), (1; 2), ______

b) Trage für jedes Ereignis die günstigen Ergebnisse ein.
c) Bestimme für jedes Ereignis die Wahrscheinlichkeit.

Ereignis: Die erste Zahl ist größer als die zweite Zahl.	Ereignis: Die Summe der beiden Zahlen ist gerade.
Günstige Ergebnisse: ______	Günstige Ergebnisse: ______
P(Ereignis) =	P(Ereignis) =

1. Vervollständige die Zahlenreihen.

a)	6850	7150								9550
b)	4750	4900								6100
c)	10150	9950								8350

2. a) 6500 + 8000 = ______ b) 7800 − 2500 = ______ c) 5700 + 2700 = ______

4700 + 3200 = ______ 5400 − 2100 = ______ 4800 + 2500 = ______

1800 + 6100 = ______ 9800 − 5600 = ______ 8400 − 3700 = ______

3. Im Kopf oder schriftlich? Trage die Buchstaben bei den Lösungszahlen ein.

a) 9001 + 4486 = ______ S

8020 + 9673 = ______ F

9445 + 8288 = ______ X

7268 + 8033 = ______ I

b) 27293 − 12002 = ______ D

33684 − 16001 = ______ O

31333 − 17836 = ______ C

29823 − 12100 = ______ O

15291	15301	13487	13497	17683	17693	17723	17733

4. a)

·	4	50	8	60
70				
600				
8000				

b)

:	3	60	400	20
2400				
3600				
12000				

5. Im Kopf oder schriftlich?

a) 62 · 3 = ______ b) 710 · 20 = ______ c) 840 : 2 = ______ d) 7209 : 9 = ______

71 · 9 = ______ 697 · 84 = ______ 816 : 6 = ______ 5752 : 4 = ______

6. Vervollständige die Zahlenreihen.

a)	3,5	3,7								5,3
b)	23,3	23,9								28,7
c)	41,3	40,9								37,7

7. Rechne im Kopf.

a)

+	3,4	1,7	4,6	5,3
4,2				
7,5				

b)

–	4,5	2,1	5,7	3,6
9,8				
6,5				

8. Schreibe richtig untereinander und addiere oder subtrahiere.

a) 14,27 + 57,68

b) 0,74 + 29,36

c) 45,37 – 1,73

9. Trage die Buchstaben bei den Lösungszahlen ein.

a) 1,2 · 3 = ________ D
0,7 · 2 = ________ Z
3,2 · 5 = ________ E

b) 8 · 0,9 = ________ C
7 · 0,6 = ________ A
5 · 1,2 = ________ N

c) 2,4 : 3 = ________ A
4,9 : 7 = ________ J
5,5 : 5 = ________ Z

0,7	0,8	1,1	1,4	3,6	4,2	6	7,2	16

10. a) 16,4 · 38 b) 5,27 · 9 c) 8,06 · 7,3 d) 3,28 · 1,7

11. Im Kopf oder schriftlich? Trage die Ergebnisse ein.

a) 88,48 : 4 = ________
45,79 : 100 = ________

b) 428,31 : 9 = ________
432,87 : 10 = ________

c) 68,426 : 2 = ________
17,076 : 4 = ________

12. Wandle um.

a) 128 cm = ______ m
34 cm = ______ m
2,07 m = ______ cm
2,5 m = ______ cm

b) 18 cm = ______ mm
2,7 cm = ______ mm
35 mm = ______ cm
1 205 mm = ______ cm

c) 1 250 m = ______ km
468 m = ______ km
2,5 km = ______ m
3,05 km = ______ m

13. a) $\frac{1}{2}$ m = ______ cm b) $\frac{3}{4}$ m = ______ cm c) $\frac{1}{10}$ m = ______ cm

14. Gib das Ergebnis in m an.

a) 2,30 m + 50 cm = ______ m
1,70 m + 80 cm = ______ m
1,86 m + 40 cm = ______ m
$\frac{3}{4}$ m + 50 cm = ______ m

b) 3,50 m − 10 cm = ______ m
2,10 m − 20 cm = ______ m
3,54 m − 70 cm = ______ m
$\frac{1}{2}$ m − 40 cm = ______ m

15. Vervollständige die Tabelle.

a)

1 kg 350 g		
1,350 kg		0,507 kg
	3025 g	

b)

1 t 250 kg		
	0,725 t	
		1 380 kg

16. Ergänze.

a) 400 g + ______ g = 1 kg
80 g + ______ g = 1 kg
0,7 kg + ______ g = 1 kg
0,1 kg + ______ g = 1 kg

b) 940 kg + ______ kg = 1 t
300 kg + ______ kg = 1 t
0,825 t + ______ kg = 1 t
0,750 t + ______ kg = 1 t

17. Gib das Ergebnis in kg an.

a) 1,500 kg + 500 g = ______ kg
3,400 kg + 450 g = ______ kg
4,800 kg + 750 g = ______ kg
$\frac{1}{2}$ kg + 800 g = ______ kg

b) 3,500 kg − 200 g = ______ kg
2,780 kg − 150 g = ______ kg
4,250 kg − 500 g = ______ kg
$\frac{3}{4}$ kg − 700 g = ______ kg

18. Wie viele Minuten sind es?

a) 3 h = ______ min
$\frac{3}{4}$ h = ______ min

b) 4 h = ______ min
$1\frac{1}{2}$ h = ______ min

c) 2 h 45 min = ______ min
$2\frac{1}{4}$ h = ______ min

19. Vervollständige die Tabelle. Trage das Ergebnis ein.

a)

Preis für 5 Stifte: 3,50 €
Preis für 12 Stifte: ________ €

Anzahl	€
5	
1	
12	

b)

Preis für 4 Patronen: 1,00 €
Preis für 7 Patronen: ________ €

Anzahl	€

20. Herr Dux legt in einer Stunde 90 km zurück. Wie weit fährt er in einer halben Stunde?

A: ____________________

21. In 3 Stunden fährt Paolo mit dem Fahrrad 39 km weit.
F: Wie viel Kilometer legt er pro Stunde zurück?

A: ____________________

h	km

22. Wie viele Fahrten sind für den Transport der Baumaterialien notwendig?

a) Bei 2 Lkw 10 Fahrten

Lkw	Fahrten

b) Bei 3 Lkw 12 Fahrten

Lkw	Fahrten

c) Bei 5 Lkw 9 Fahrten

Lkw	Fahrten

23. Ist die Zuordnung proportional oder antiproportional?
Trage ein, dann ergänze die fehlenden Werte in der Tabelle.

a) **Arbeitszeit**

Personen	h
5	10
1	
2	

____

b) **Preis**

Bohrer	€
2	9,00
1	
3	

____

c) **Fahrtdauer**

km	h
300	6
100	
400	

____

24. Berechne die fehlenden Werte.

Größe im Original	4 cm		40 cm	5 mm	3 mm
Vergrößerung	2-fach	20-fach	5-fach		200-fach
Maßstab	2 : 1	20 : 1		100 : 1	
Größe in der Abbildung		60 cm	200 cm		

25. Zeichne den Buchstaben G 2-fach verkleinert und den Buchstaben U 3-fach vergrößert.

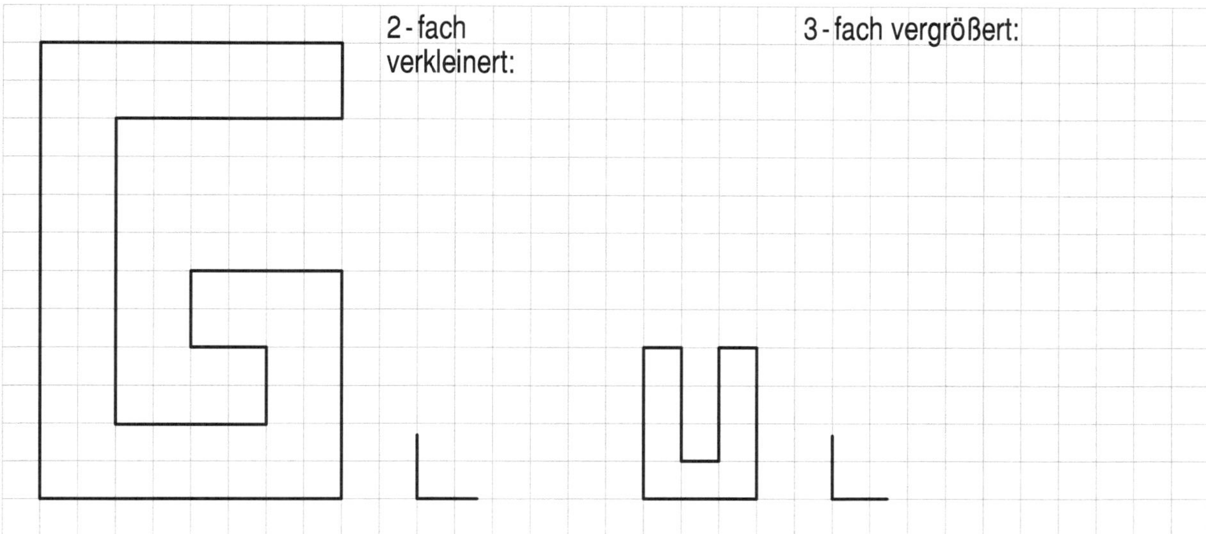

26. Trage die fehlenden Werte ein.

Maßstab	1 : 10	1 : 1000	1 : 20	1 : 1	10 : 1	100 : 1
Länge in der Zeichnung		10 cm		20 cm	15 cm	
Länge in der Wirklichkeit	20 cm		200 cm			3 mm

27. Schreibe als Potenz.

a) $2 \cdot 2 \cdot 2 =$ ______ b) $5 \cdot 5 \cdot 5 \cdot 5 =$ ______ c) $3 \cdot 3 \cdot 3 \cdot 3 \cdot 3 =$ ______

28. Schreibe die Potenz ausführlich und berechne.

a) $3^3 =$ ____ · ____ · ____ = ______ b) $2^5 =$ ______________ = ______

c) $7^2 =$ ______________ = ______ d) $5^3 =$ ______________ = ______

29. Der Flächeninhalt eines Quadrats ist gegeben. Wie lang ist eine Seite des Quadrats?

a) $A = 25\ m^2$ b) $A = 36\ m^2$ c) $A = 100\ m^2$ d) $A = 81\ m^2$

a = ______ m a = ______ m a = ______ m a = ______ m

30. Trage die fehlenden Zahlen ein.

a) $\sqrt{16} =$ ______, denn ______$^2 = 16$ b) $\sqrt{100} =$ ______, denn ______$^2 = 100$

c) $\sqrt{64} =$ ______, denn ______$^2 = 64$ d) $\sqrt{144} =$ ______, denn ______$^2 = 144$

31. Schreibe für jedes Dreieck die Gleichung auf, die nach dem Satz des Pythagoras gilt.

a) 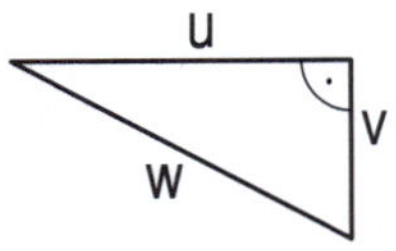

____

b) 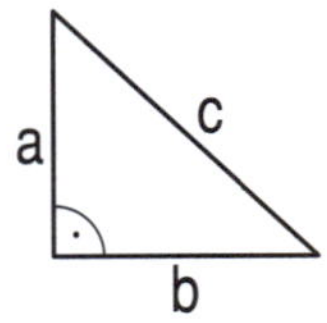

____

c) 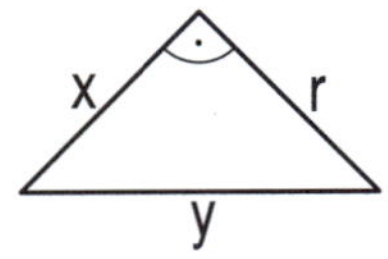

____

d) 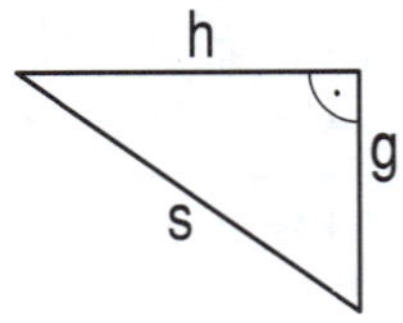

____

32. Wie lang sind die Stützen der Schaukel? Rechne mit dem Taschenrechner. Runde.

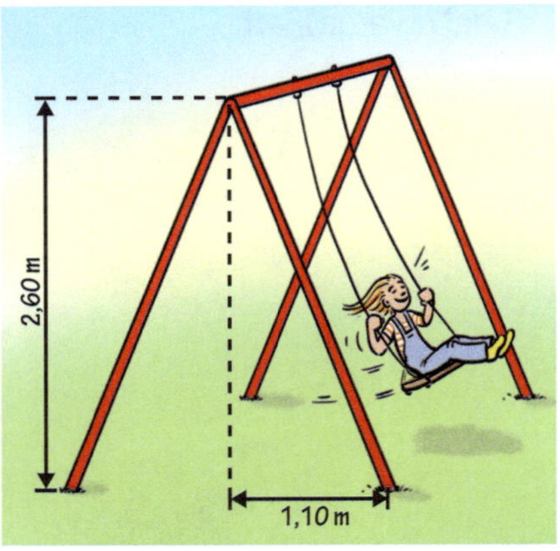

Skizze:

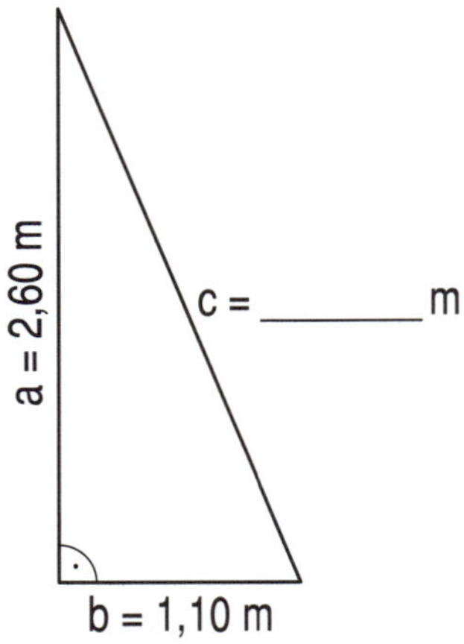

$a^2 + b^2 = c^2$

$c^2 = a^2 + b^2$

$c^2 =$ ______ + ______

$c^2 =$ __________

$c^2 =$ ______

$c =$ ______

$c =$ ______ m

A: ____________________

33. Berechne die Preise bei Barzahlung.

Küche	
%	€

Preis bei Barzahlung: __________

Waschmaschine	
%	€

Preis bei Barzahlung: __________

34. Berechne die Jahreszinsen für ein Kapital von 8000 €.

Zinssatz	1 %	3 %	6 %	9 %	10 %	12 %
Zinsen						

35. 7 540 € werden 7 Monate lang mit dem Zinssatz von 1,2 % verzinst.
Berechne die Monatszinsen.

Jahreszinsen	
%	€

Monatszinsen	
Monate	€

36. Berechne den Flächeninhalt und den Umfang der gefärbten Figur.

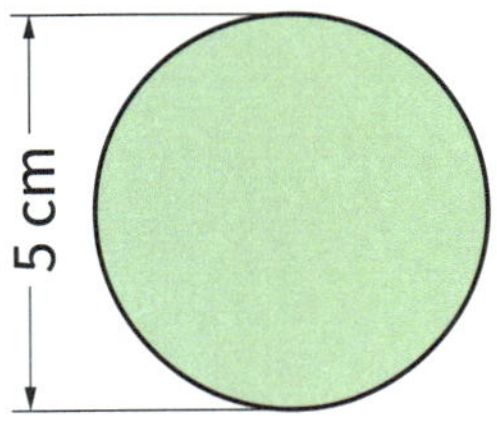

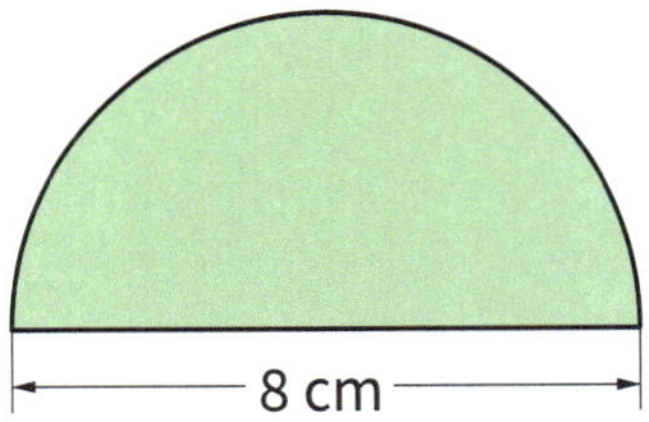

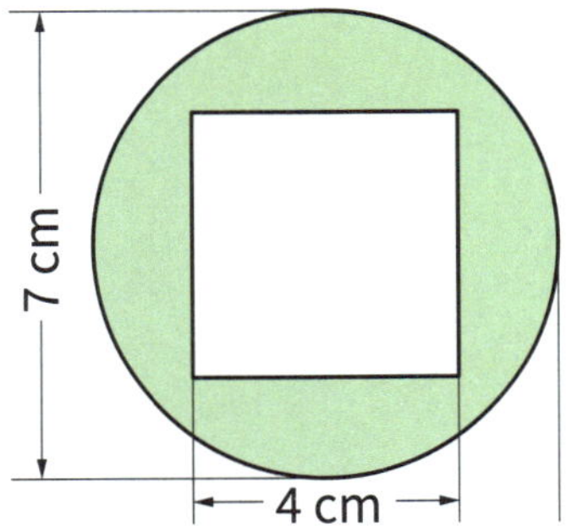

A = ______ A = ______ A = ______

u = ______ u = ______ u = ______

37. In der zylinderförmigen Verpackung werden Schokoladentaler verkauft.
a) Wie groß ist das Volumen der Verpackung?
b) Auf der Mantelfläche stehen Informationen. Wie groß ist die Mantelfläche?

Volumen: ______ Mantelfläche: ______

38. Löse die Gleichung.

a) $2x + 3 = 9 \quad | -3$

b) $3x - 4 = 8 \quad | +4$

c) $9 - 2a = 3$

39. Fasse zusammen, dann löse die Gleichung.

a) $2x + 12 + 6x - 4 = 48$

b) $16 - 3x + 6 + 7x = 46$

40. Erstelle zu dem Zahlenrätsel eine Gleichung. Löse die Gleichung. Die Lösung kann eine negative Zahl sein.

a) Vom Vierfachen einer Zahl subtrahiere ich 6. Das Ergebnis ist das Doppelte der Zahl.

b) Von 44 subtrahiere ich das Doppelte einer Zahl. Ich erhalte die Summe aus dem Dreifachen der Zahl und 4.

c) Zu 17 addiere ich das Doppelte einer Zahl. Ich erhalte die Summe aus dem Dreifachen der Zahl und 19.

a) $4x - 6 =$

41. Jedes Glücksrad ist in gleich große Felder eingeteilt. Die Felder sollen rot oder blau gefärbt werden. Die Wahrscheinlichkeit für „rot“ ist jeweils angegeben. Färbe entsprechend. Ergänze die Wahrscheinlichkeit für „blau“.

a) $P(\text{rot}) = \frac{2}{3}$

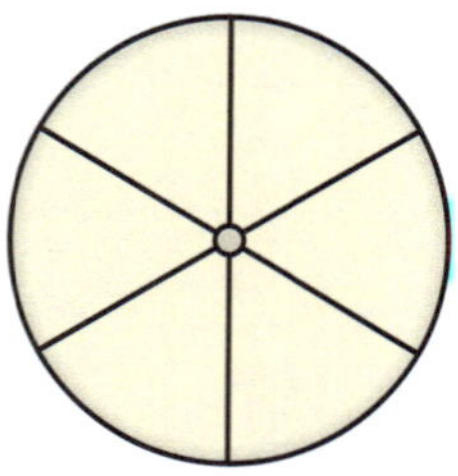

P(blau) =

b) $P(\text{rot}) = \frac{1}{6}$

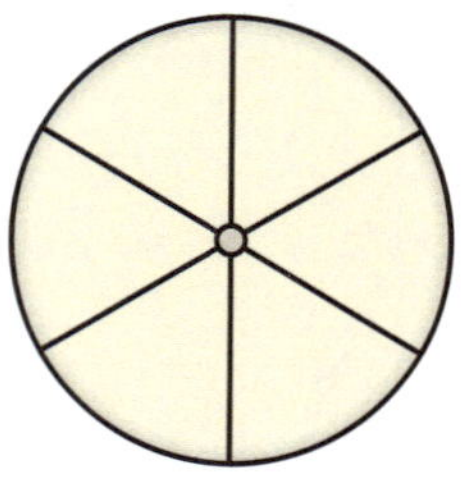

P(blau) =

c) $P(\text{rot}) = \frac{5}{8}$

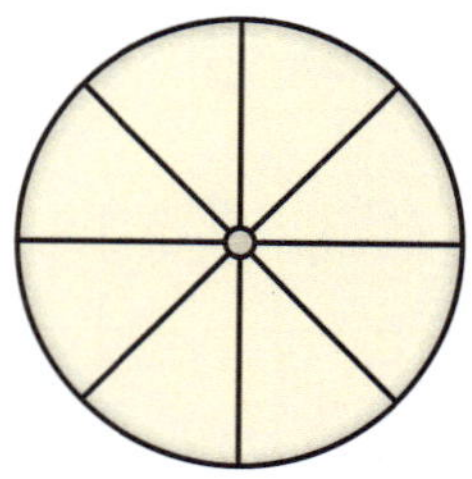

P(blau) =

d) $P(\text{rot}) = \frac{1}{2}$

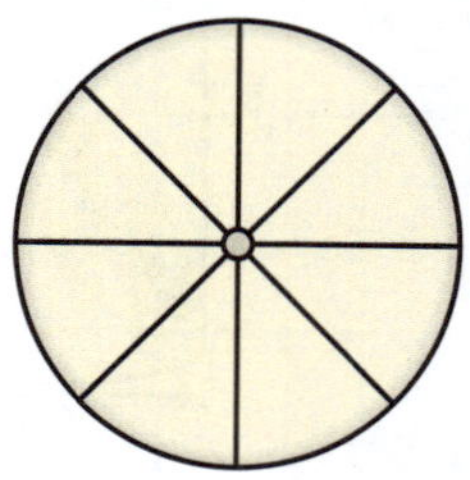

P(blau) =